EDITOR'S VOICE

卷首语

当代玉雕艺术发展已进入创意时代，其主要的标志有两个方面，一是在当代玉雕艺术品的收藏与鉴赏领域，一个明显的趋势，就是越来越多的鉴赏家和收藏家，更加注重玉雕作品的思想内涵与文化创意。另一个方面就是处于当代中国玉雕艺术发展前沿的大师名家们，早已开始探索如何让当代的玉雕艺术既承袭传统，又反映时代精神；既富有文化内涵，又具有艺术的魅力。本书刊发的《玉雕艺术创作与老庄禅学的运用》《玉雕语言的的隐喻与弹性》《琢玉的感悟》《玉雕设计的创作构思》等文，都出自当代玉雕大师名家手笔，用他们对玉雕艺术发展的深邃思考，用他们亲身的创作经历，提出并回答当代玉雕艺术创作中的理念、文化元素运用、创意设计等重要问题，会给大家耳目一新之感。

玉雕炉瓶器皿历来是玉中重器，而玉牌是玉器中最具文化韵味的品种之一，它们的市场前景如何，是业内人士非常关心的问题。书中的《由玩转藏：玉雕器皿王者归来》《当代玉牌艺术发展与市场表现》等文章，是玉器研究专家从玉雕艺术发展趋势与市场运行规律层面，对传统玉雕重器以及文人玉牌等品种的市场现状进行了分析研究。他们的最新研究成果，对关心玉器市场动态的读者提供了有益的借鉴与参考。

2013 年度《中国和阗玉》系列丛书的编排和用纸较前几年做了一些调整，业内读者给予了充分肯定，对如何进一步办好这份专业读物提出了许多宝贵意见。我们衷心感谢玉界专家学者、大师名家和广大玉友对《中国和阗玉》的关心与爱护，衷心感谢大家的友情和支持。在这即将辞旧迎新的时候，祝愿玉界所有的朋友 2014 年工作顺利、生活美好！

《中国和阗玉》编辑部

2013 年 11 月 1 日

图书在版编目（CIP）数据

中国和阗玉．9 / 池宝嘉主编．-- 乌鲁木齐：新疆美术摄影出版社，2013.11
ISBN 978-7-5469-3485-3

Ⅰ．①中… Ⅱ．①池… Ⅲ．①玉石—鉴赏—和田 Ⅳ．① TS933.21

中国版本图书馆 CIP 数据核字 (2013) 第 013840 号

中国和阗玉

池宝嘉　主编

主办单位 新疆历代和阗玉博物馆
版式制作 北京汉特斯曼文化传媒有限公司
出版发行 新疆美术摄影出版社
责任编辑 吴晓霞
地　　址 乌鲁木齐市经济技术开发区科技园路 7 号
邮　　编 830011
总 经 销 新华书店
印　　刷 北京永诚印刷有限公司
开　　本 889mm×1194mm 1/16
印　　张 8.5
字　　数 100 千字
版　　次 2013 年 11 月第 1 版
印　　次 2013 年 11 月第 1 次印刷
印　　数 1—100000 册
书　　号 ISBN 978-7-5469-3485-3
定　　价 50.00 元

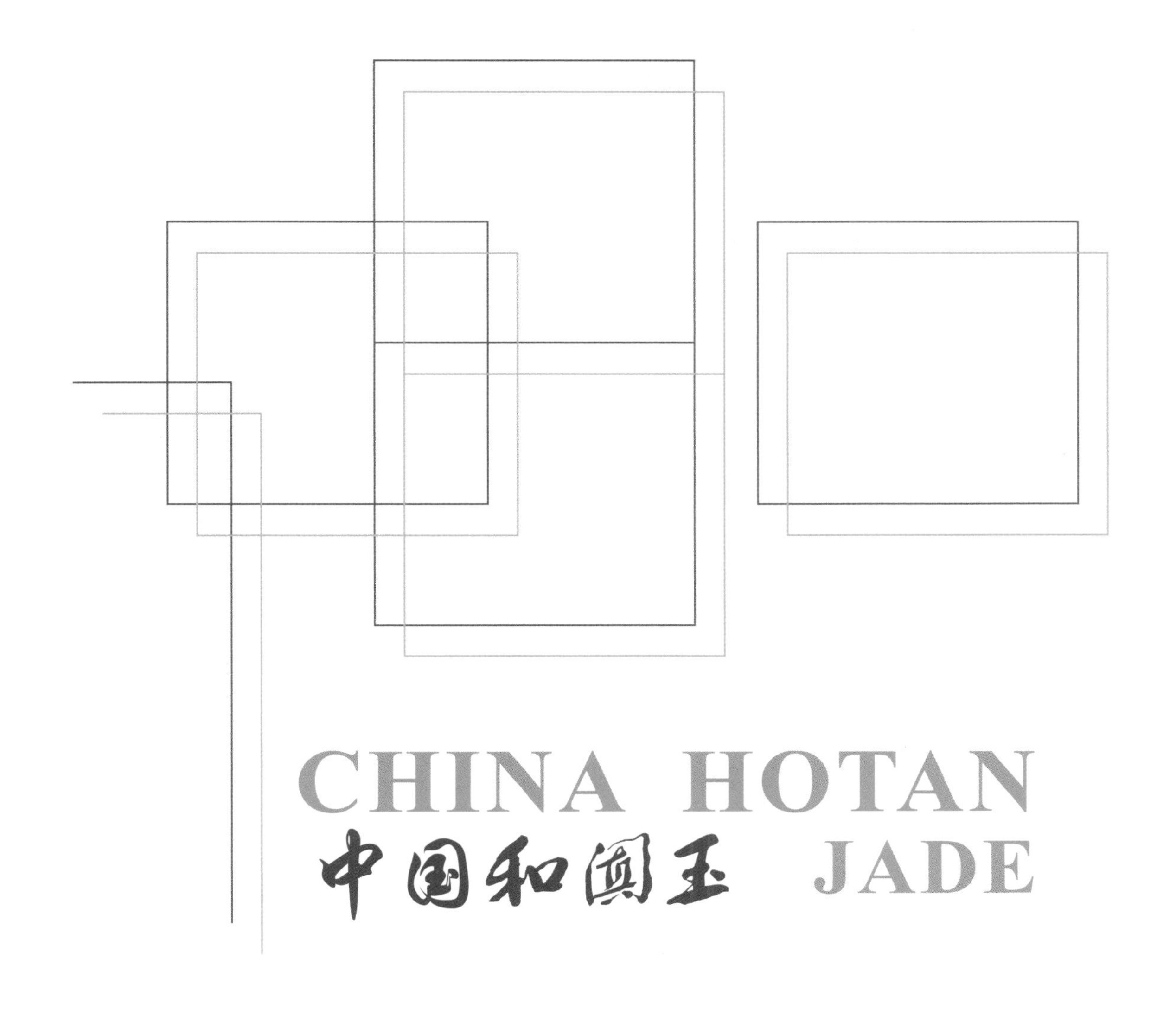

CHINA HOTAN JADE

CHINA HOTAN JADE

中国和阗玉

主管　新疆维吾尔自治区文化厅

专家委员会委员（按姓氏笔画）

文少雩　张淑荣　岳　峰
赵之硕　高颖维　奥　岩
韩子勇

编委（按姓氏笔画）

于文胜　王丽萍　孙　敏
李忠志　李泽昌　李新岭
李维翰　池宝嘉　陈　健
岳蕴辉　钱振峰

主编　池宝嘉

副主编　唐　风
艺术总监　鲜大杰

《中国和阗玉》编辑部

编辑部主任　苏京魁
事业部主任　张蘙心
执行编辑　君无故
流程编辑　杨维娜
美术设计　牛林娜

新疆文稿中心　乌鲁木齐市北京中路 367 号新疆历代和阗玉博物馆
邮编　830013
电话　0991-3783953、6225520
邮箱　591000988@qq.com
网址　www.xjyushi.com

上海文稿中心　黄浦区陆家滨路 521 弄（阳光翠竹苑）3 号楼 103 室
邮编　200011
电话　021-63696660
网址　www.jinguyufang.com

江苏文稿中心　徐州市建国路户部商都 516 室
邮编　221000
邮箱　lwh005@126.com
电话　0516-82201915

安徽文稿中心　蚌埠市华夏尚都 A 区 7-2-402
邮编　233000
邮箱　yangshiwd@163.com

河南省镇平文稿中心　镇平县石佛寺国际玉城玉礼街 25 号天工美玉馆
邮编　484284
电话　15188205871
邮箱　80030065@qq.com

网络媒体支持　中国艺术投资网

Contents

目录

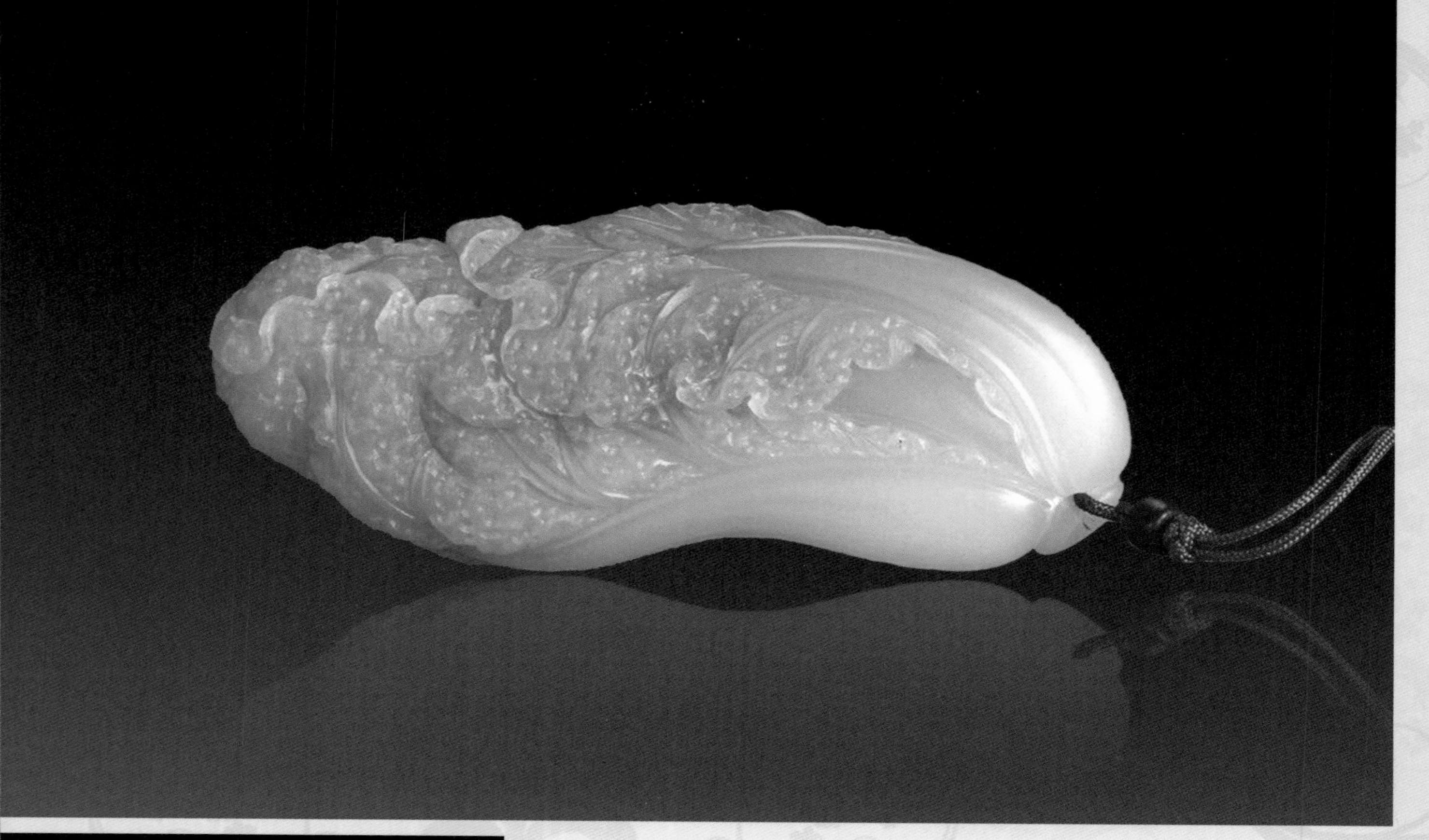

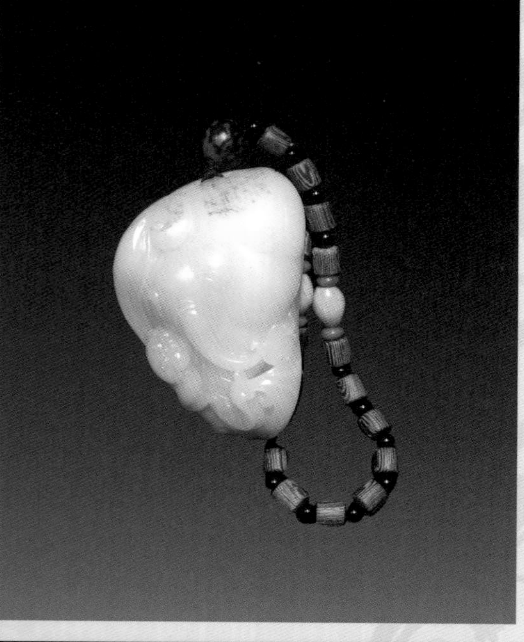

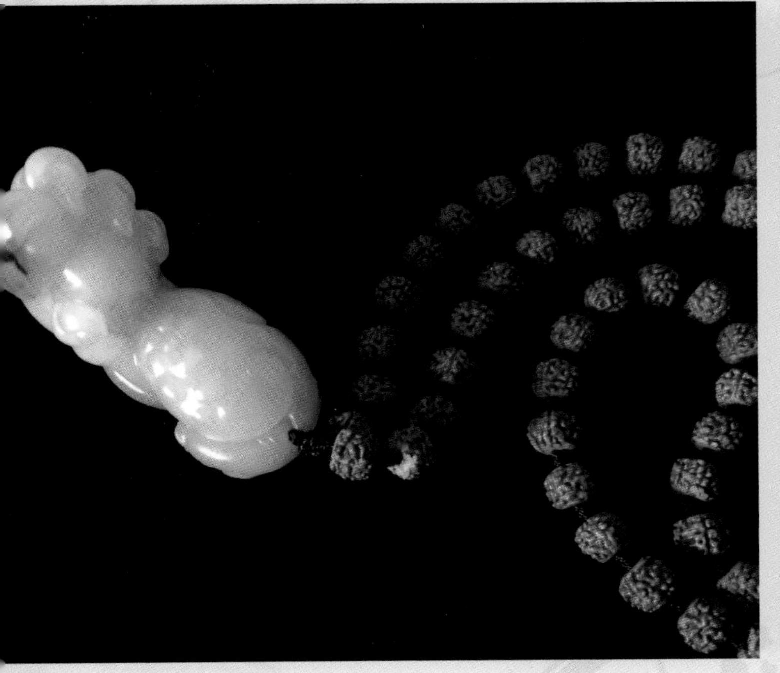

THIS VIEW

今日视界

CONTEMPORARY JADE BRAND ART DEVELOPMENT AND MARKET PERFORMANCE

当代玉牌艺术发展与市场表现

文 / 苏京魁

在中国玉文化发展历史上，玉牌是最具有文化魅力的一个独立的玉雕门类，是诸多可随身佩戴的玉佩饰之一。玉牌是融诗、书、画、印为一体的玉雕艺术形式。传统玉牌形制规整，经典形式为两面雕，正面雕刻山水、花鸟、人物、瑞兽，背面雕刻诗文、书法、印章，常用浅浮雕或镂空雕刻各种图案与文字，并有孔可穿绳佩系，器型与大小适于佩戴于胸前和佩挂于腰间，无论是男性或女性佩戴，或欣赏或把玩，都具有其他佩饰无法替代的雅致，所以深受人们的喜爱。

一　中国玉牌艺术发展的历史轨迹

中国佩玉文化历史悠久，最早可追溯到红山、良渚、殷商等早期文化。到了战国至西汉时期，佩玉的发展达到了前所未有的高峰，佩玉的的含义涵盖了政治、

和田白玉牌 仕女与猫

礼仪、财富、文化、装饰、艺术等方面的内容。玉又是中国文化的最高礼器用材，同时它所传递出的美感与中国传统思想不谋而合，因此佩玉成了经久不衰的佩饰时尚。

元代俏雕海龙纹陈设玉牌

（一）中国玉牌源于石器时代的配饰

追求美是人类的本性，根据考古发现，距今约18000年前的北京山顶洞人，已经开始用石珠、骨珠、兽牙、海贝壳等经钻孔串连而成的佩饰来装饰自己，1959年在山东省宁阳县新石器时代大汶口文化遗址，出土了铲、臂环、指环、笄、管等玉质生产工具和装饰品。

良渚文化的玉饰是良渚玉器中很有特色的一种器型。一般呈扁平形，分为圆形和三角形两种。圆形的玉饰中间有孔，有的为素面，有的带有纹饰，往往是边缘雕刻龙首纹。这些珍贵的历史遗存，在国内外博物馆都有实物馆藏。良渚博物院的一件素面玉饰，其中间的钻孔不是常见的圆孔，而是有像星形，龙首纹玉饰的龙首有同向的也有相对的。上海博物馆收藏的一件双龙首玉饰的龙首为同向，而浙江省文物考古研究所收藏的玉饰以龙首相对的居多，其中一件三龙首玉牌饰在外缘等分雕出三个浅浮雕凸面，以阴线和浮雕的手法雕出三个龙首吉祥图案。三角形玉饰

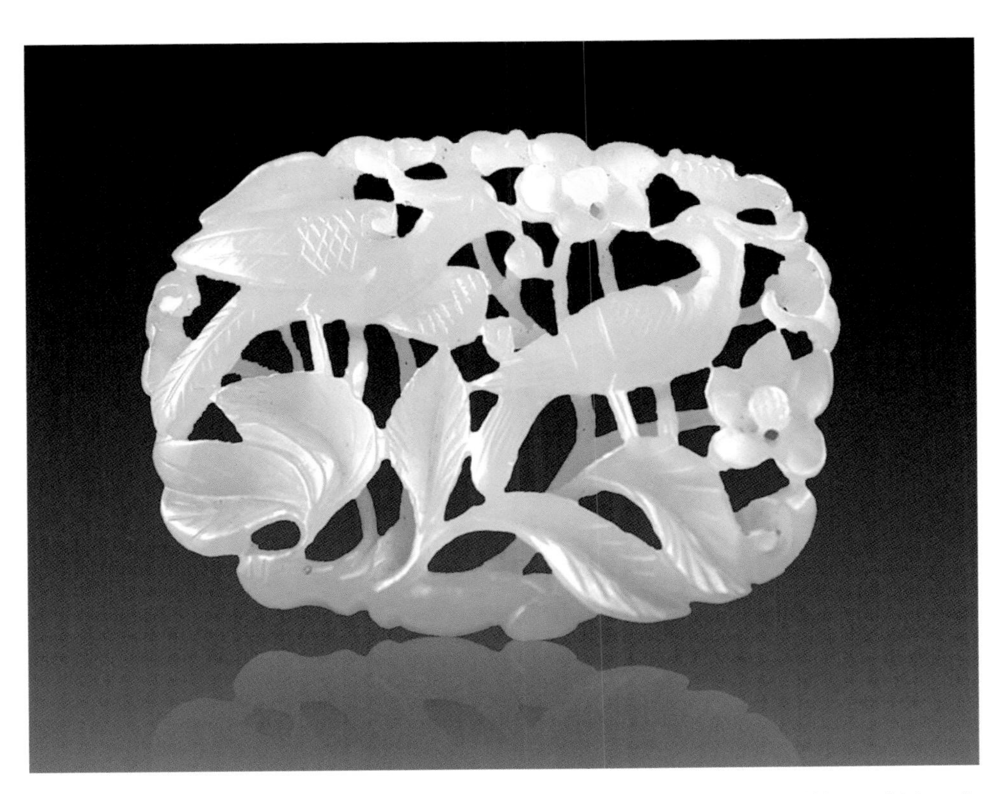

春山秋水双鹤镂雕子料白玉牌

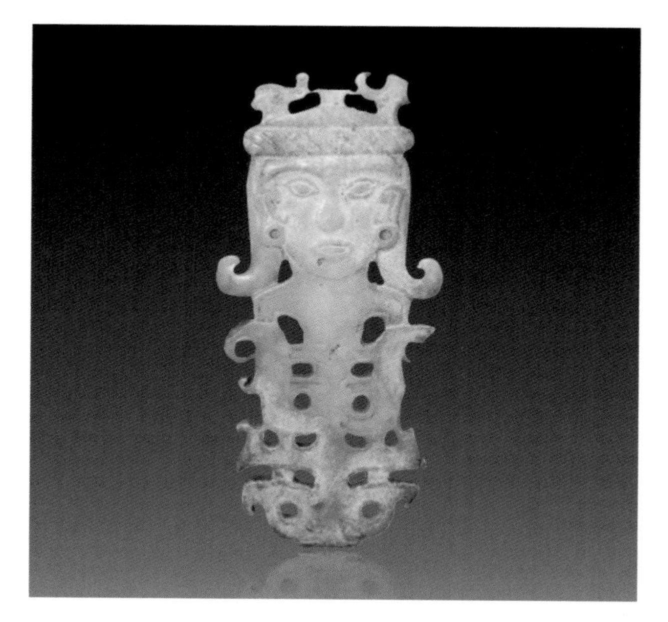

新石器时代玉器——玉人兽复合式佩

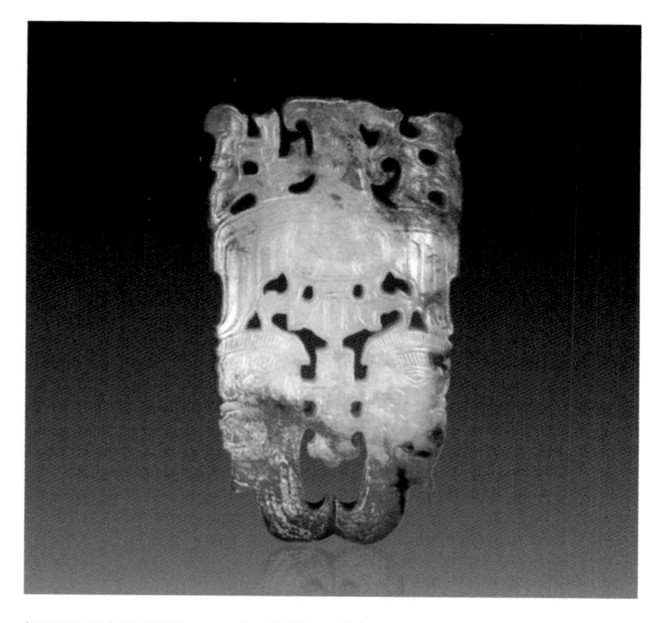

新石器时代玉器——玉鹰攫人首佩

比较特殊，一般雕刻有良渚文化的标志神人兽面纹，如藏于浙江省博物馆的一件三角形玉牌饰采用分割区域的表现手法，使神人兽面纹更加醒目。另外，在浙江省文物考古研究所还收藏有类似“工”字形的神人兽面纹玉饰。良渚文化的玉佩饰制作精致，并已经开始出现玉牌的雏形。

西周时期，在贵族中开始盛行一种由多件块玉串联组成的“玉组佩”，到了春秋时期，为了行动方便，玉组佩的组合趋向简单化。西汉的“佩戴玉”作用使得玉佩渐渐以单件出现，而工艺制作精美程度趋于完美，盛唐时期，玉佩是官吏等级的代表，随着原料、工艺和生活习惯的变化，玉佩有了思想性和玩赏性。宋辽时代出现的“春水玉”“秋山玉”样式是中国玉饰向玉牌转变的重要标志。

（二）玉牌与子刚牌的形成

牌在中国古代是一种阶层、身份的识别，皇帝有金牌，代表着至高无上的皇威;朝廷有令牌，传达着不同的指令信息；官员有朝牌（也称朝板），代表官位的大小;百姓有出外作通行证之用的路引。牌的材质根据等级和用途不同，有金、玉、铜、木和象牙等材质，牌形样式基本是长方形实心片状，牌上刻有相关的文字、图案和印章。主要作为装饰作用的玉佩，外形有圆形、椭圆形、方形、扇形和各种异形，各种花草鸟兽等吉祥图案是玉佩的主要题材。

随着历史的发展，方形片状的玉牌渐渐与主要作为装饰的玉佩融合，使玉牌发展成为玉佩的独立一个品种，在宋朝风行一时。玉牌真正成为一种叫得响的玉雕品类，是在明嘉靖、万历年间。当时苏州的玉雕大师陆子冈一改明代玉器陈腐俗气，以精美的玉料，高超的玉雕技法，将印章、书法、绘画、雕刻及故事文化艺术融入于方寸之间，镌刻在玉牌的正反两面，加上玲珑剔透的牌头装饰，赋予其新的生命，极具观赏性和把玩性。子冈制玉挂件，形若方形或长方形，宽厚敦实，犹如牌子，故简称为“子冈牌”。6×4×0.9cm 的尺寸，比例协调，整体和谐，是最能引起美感的比例。这不仅奠定了现代玉牌的基础，还确定了玉牌的基本形式、内容和门类。清代玉牌多是仿明之作，亦有刻“子刚”款，也不乏传世精品之作。清代玉牌最精彩的是清中期的作品，工料俱佳，后人称之为“乾隆工”。

（三）玉牌的发展与风格变化

明清以来玉牌的发展变化主要表现在玉牌玉材、表现题材和形制风格的变化，传统玉牌主要是玉材和工艺的变化。

一是玉牌材质的发展变化。玉牌的玉料以和田白玉为主，明代的子冈牌由于当时和田白玉极为难得，材质以新疆青白玉为主，也有“青白做人”之意，以其制牌，对人起到的警示作用。到了清代，子冈牌数量加大，造型多样，用料更为讲究，以新疆和田白玉和青白玉为主。清末民国时期，优质玉料缺乏，新疆和田白玉难得一见，地方玉走上舞台。同时由于玉器市场供不应求，

福禄寿浮雕子冈牌

1	3
2	

1 暗八仙福寿牌

2 渔人钓鲤子冈牌

3 清乾隆 - 白玉葫芦万代“长宜子孙”牌

金玉满堂 碧玉牌

一些用琉璃代替玉的作品也开始出现。新中国成立初期，玉牌的用材一直非常宽泛，特别是改革开放之后，国外优质的白玉、翡翠、碧玉原料大量进口，黄龙玉、泰山玉、金丝玉等新的玉种不断发现，玉牌的原料来源更加广泛，由和田白玉单色种向多色种发展，由单一玉种向多玉种发展，为当代玉牌创作提供了更加广阔的天地和玉材支持。

二是传统玉牌风格的变化。传统玉牌主要是指明清时期的玉牌作品。明代子冈牌牌体厚重，以矩形为多，器体较小。常见阴线刻画，阴线短粗有力，仅寥寥数刀，画面刻画清晰明了，四周留有较窄的边框，或只以阴线饰之，或周围有云雷纹。以文人山水或诗人词句为多，风格多模仿当时盛行的吴门画派沈周、文徵明等的山水画，另一面镌刻诗文印章，高雅脱俗。玉牌子上的首部多镂空，以双龙戏珠、如意去头、花卉、蝙蝠、瑞兽、磬等图案为多，更是吉庆有嘉。一些明代玉牌上还采用了一种新的雕刻工艺，即把玉牌上所刻诗句和图案外的

和田白玉牌 春堂入梦

	2	3
1		
	4	5

1 和田籽料荷塘趣事牌

2 和田白玉牌 安居乐业

3 正心养性 白玉牌

4 和田白玉 仕女牌

5 以古鉴今玉牌

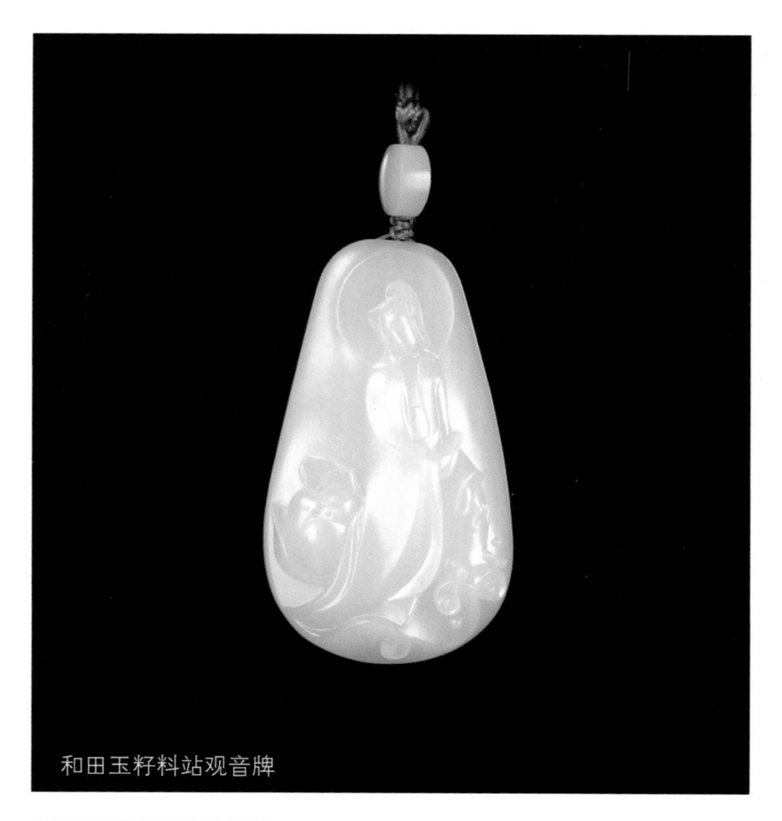
和田玉籽料站观音牌

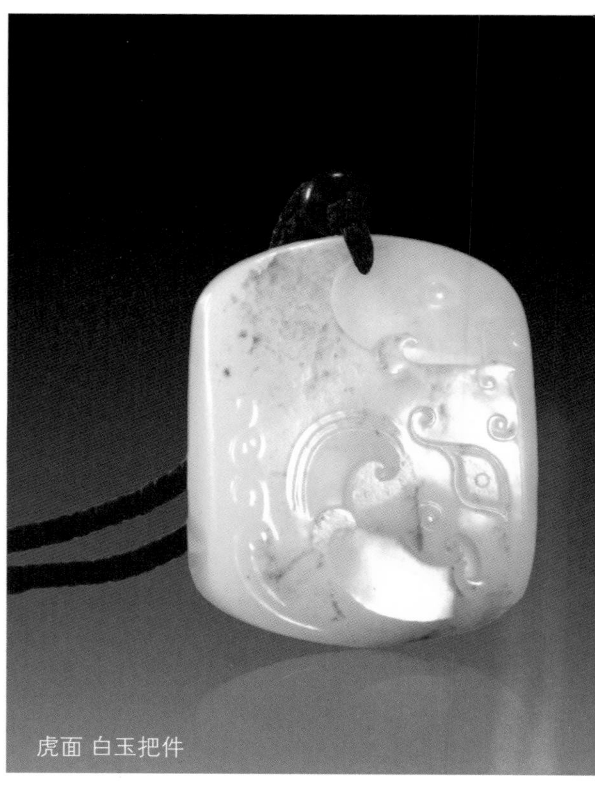
虎面 白玉把件

最忆江南 白玉牌

渔归栖霞 白玉牌

地子磨成沙状，粗糙有如现在的磨砂玻璃，称为“碾磨地子”或“毛底”。是明代雕玉人的另一种表现手法，通过底子的粗来突出表面主题的细，在一个作品上抛光工艺和磨砂工艺并存的现象，大大增强了艺术表现力。

传统玉牌为两面雕的经典形式，正面雕刻山水、花鸟、人物、瑞兽，背面雕刻诗文、书法、印章。与传统绘画无异，差别只在绘画的材质上。纵观中国众多的玉雕门类，也只有玉牌能将书画艺术结合的如此完美，是玉石上的书画艺术。既有文人笔墨情趣，又显吉祥寓意，具较高的观赏性，玩味无穷。明代玉人陆子冈创造了子冈牌，经过数代琢玉人的继承、发展延续到了现在，并成了玉牌的代名词。

清代的玉牌在继承明代玉牌艺术特点的基础上加以创新，造型多样，用料讲究，且多为边沿加镂雕工艺，还有包括如葫芦形、藕片形等各种不同变形造型。琢磨也更加细致规整，精益求精，甚至蝇翅虫须皆刻划得清晰可见，栩栩如生。独特的抛光工艺又使之呈现出极佳的细腻柔和的油脂光泽。纹饰整体繁缛，附加纹增多，题材内容除继承明代传统外，多戏曲人物和吉祥故事图案，是中国玉牌艺术发展历史上的辉煌时期。

传统玉牌精品的魅力，还在于美玉和精工的完美结合。传统玉牌近乎标准

青玉兽面太极牌

化的两面雕形制的传承已近600多年，虽用工具琢磨，以刀代笔直书其上，但不失文人笔墨情趣。玉牌将书画艺术、文人情趣和和田玉特质融为一体，这种既有人文气息，又具吉祥寓意的玉牌雕刻样式，对后世影响极其深远。

二 当代玉牌的发展与创新

任何艺术形式必然打上时代的烙印，也必然是时代精神的体现，当代玉牌艺术也自然不能例外，作为现代玉雕艺术的一个主要品种，玉牌越来越受到世人的关注与喜爱。时代发展对玉牌艺术的要求，玉牌创作者的社会责任、时代意识、艺术表现力，是推动玉牌艺术不断发展和创新的动力源泉。

当代玉雕艺术审美的的变化，其他艺术形式与元素的融合和玉雕创作者素养的提高，以及玉雕工具和工艺技术手段的不断完善，当代玉牌呈现着表述多样化和审美个性化，思想、艺术、工艺水准契合着时代的发展，整体的水平比肩明清玉雕辉煌时期，形成了又一次新的历史高峰。

当代玉牌的文化诉求和功能都发生了重大变化，有些变化甚至是颠覆性的。从古代明志雅赏为先，到今天的投资收藏为主；从以前道德诉求为主，到现在的功用

1	3
2	

1 和田玉籽料桃园结义牌

2 和田玉籽料龙凤对牌

3 浮阴万心 白玉牌

博古 墨碧玉牌

和田玉籽料螭龙方牌

与审美多元。玉牌发展到了今天，其形制和题材、用材等方面都发生了很多变化。牌形的多样化，使玉牌变得更加精巧。题材与内容的多元化，使当代玉牌的包容性更加宽泛，艺术与文化内涵更加丰富。当代玉牌艺术的创新，迎来了玉牌艺术创作的大繁荣。

（一）创作理念的创新

当代玉牌在子冈牌的基础上得到了进一步的发展，尤其是玉牌创作理念上的创新，是当代玉牌艺术发展的原动力。创作理念的创新主要表现在：一是文化的包容性，在玉牌创作中融入了西方艺术和现代文化元素。二是题材的包容性，把现代题材运用于玉牌创作，使玉牌题材内容更加广泛。三是表现技法的包容性，把国内外其他造型艺术的表现手法应用于当代玉牌艺术创作，使玉牌作品更富于时代感和艺术魅力。当代玉牌无论从题材上还是体量上都融入了相当多的现代思想和审美品位。比如现代玉牌在形制上不拘泥于传统制式，而是更多倾向于自由随性。

（二）玉牌形制的创新

当代玉牌在传承明清玉牌优秀工艺的基础上，制作更加精致。玉牌形制逐渐突破了传统的长方形四六牌规格，出现了不规则的形状，趋向时尚性和个性化，比如长牌、对牌、套牌等。在具体形状出现了圆形、锥形、迭形、滴水形、破形等各式异形，同时出现尺寸放大、缩小、拉长、拉宽、加厚等造型，新式设计无额头、上下额头、无额框等变化。

（三）玉牌题材的创新

当代玉牌的雕刻题材不仅继承了明清玉牌寓意美好、象征祥和的吉祥题材，同时也广泛地采用经典神话、寓言故事和与当代生活息息相关的题材。比如当代时尚造型艺术、人文景观、古朴乡村、女性题材等，使玉牌的表现主题与现代人的生活、思想产生了共鸣，受到了人们的推崇和喜爱。当代玉牌创作题材的丰富多变，充分体现了当代玉牌艺术创作的时代性，为玉牌作品烙上了时代发展的印记。同时，题材的创新使玉牌表现题材更加丰富，也推动了玉雕表现形式的创新与发展。

（四）玉牌设计的创新

当代玉牌作品的艺术表现力很强，极富思想性。创作者在创作前对题材要进行精心的构思，力求用完美的雕刻手法表现自己对人生、事物的理解，把寓意哲理的观点通过某个元素表现出来。玉牌是表现美的载体，玉牌设计的创新就是要实现

花好月圆 白玉对牌

龙凤献瑞 白玉对牌

玉石原料与玉牌题材的契合，最大限度地展现玉材的美和主题的文化内涵。最主要的是以“面线结合”来准确而充分地表达一件作品的主题，“面”表现结构、质感、空间等，“线”表现分割、运动、线条等。“面”的温润、细腻、圆滑，展露的是玉的特质和人想象的意境，追求写实和写意恰到好处的结合，给玉牌藏家和爱好者以无限藏想象的空间。一块“面线结合”完美的玉牌，就好似一幅国画大师的水墨画，留白的空间、水墨的渲染营造的层次感、自然变化和意境。

（五）玉牌工艺的创新

当代玉牌的雕琢与研磨工艺已发展成了透、圆、深、中、浅、浮、薄意雕和线刻阳、阴雕刻技艺等多种工艺手段的运用。雕刻工具的改良，使诸多传统技法融合在一起，将各种技法的特点发挥得淋漓尽致。有的大师将透视、立体架构引入，以表达平面画面为主的玉石雕刻中，将阳刻、阴刻、浅浮雕、镂空等技法运用在同一件作品中，通过画面的写实、变形等处理原则，表现出作品的时代感。因为现代雕刻工艺的机械化比传统工具更精确和细腻，使当代玉牌在制作工艺上可以更细腻、更充分地表现设计师的创意。

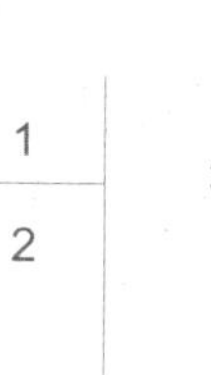

1 翩若惊鸿 白玉牌
2 福禄永寿 白玉牌
3 高山仰止 白玉牌

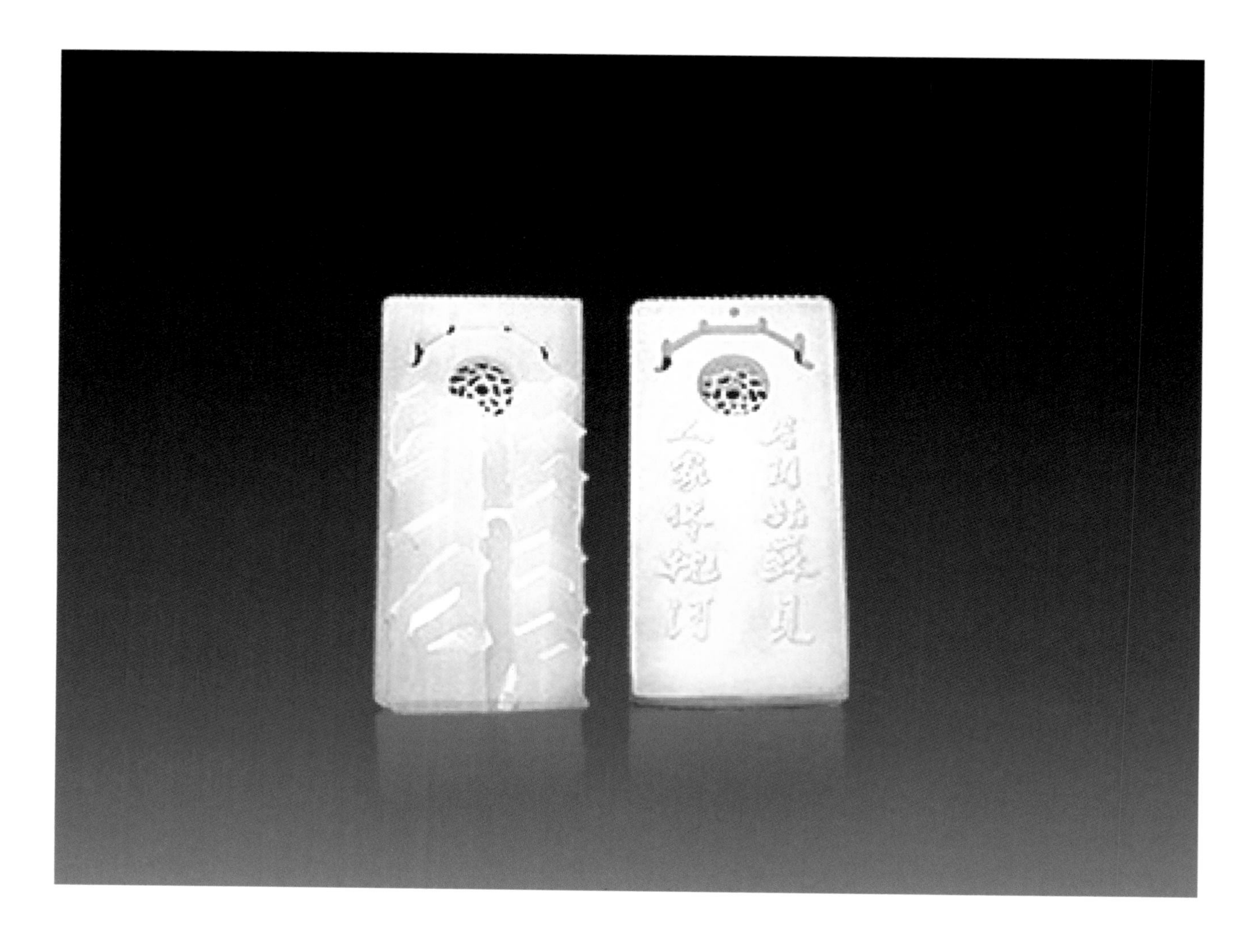

量材施艺，当代玉雕大师常采用巧雕的手法来充分表现材质的精华，利用玉雕原料本来的颜色、纹理，巧妙地雕刻成作品主题的一部分。甚至巧妙地利用玉材中的“脏”或是需要除去的部分，化腐朽为神奇，产生惊艳的艺术效果。

三 当代中国玉雕流派与玉牌艺术特色

中国玉雕工艺经过几千年的发展与积累，清代以后，经历了民国、新中国一百多年的发展，中国玉雕也由此进入了一个新的历史发展时期，逐步形成了多个具有鲜明地域特色的玉雕艺术流派。中国玉雕工艺，根据历史发展的渊源和传承的脉络来分，可分为北派、南派两大派系，北派以北京为代表，涵盖辽宁、天津、河北、河南、新疆等北方各省（市、自治区）。南派由包括长江沿岸及以南地区。在近现代南派发展为几个支派，以扬州为代表的“扬州工”，以苏州为代表的“苏州工”，包括以上海为代表的“上海工”，所以就形成了以北京玉雕、扬州玉雕、苏州玉雕、海派玉雕和部分地区流派为主的当代中国玉雕艺术流派。

在传统玉牌制作中，京派、扬派、苏派、海派等这些当代主要的玉雕流派，其玉牌艺术各具特色，各有所长。京派大气、浑厚、庄重，圆雕和浮雕的作品较多，图纹工艺亦比较复杂。海派是海纳百川，以细腻著称，做工精细，作品清新简洁，刚柔相济。苏派飘逸灵秀，构图新颖，造型优美。扬派则是圆润、精巧，创造性地将阴线刻、深浅浮雕、镂空雕和山子雕的技艺等多种技法融于一体，显示了南方玉雕艺人精湛的技艺。

在当代玉牌艺术创作中，中国玉雕主要流派和一些艺术风格鲜明的玉雕大师，大胆创新，使玉牌这一传统的玉雕艺术形式，更富涵中国传统文化和当代文化的精髓，更具有艺术韵味与特色。

（一）苏州玉牌文雅精致

苏州玉雕具有浓郁吴地特色，传承历史悠久。提起苏作玉牌，人们自然就会想

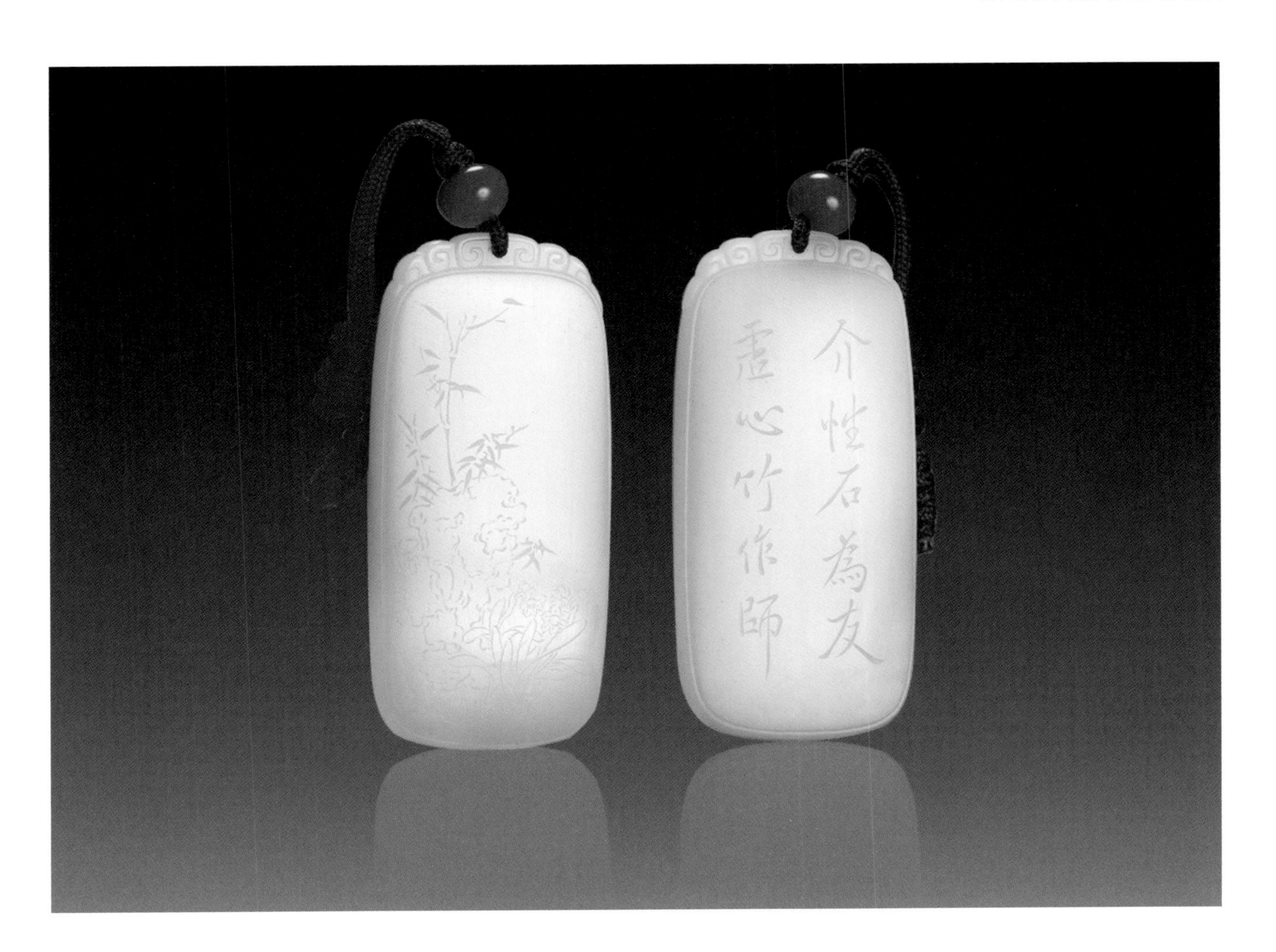

1 | 2

1 和田白玉牌 江南水乡

2 三清一品 白玉牌

到子冈牌，“良工虽集京师，工巧则推苏郡”，陆子冈等琢玉匠师技艺高超，名震京师，以精美隽秀和极富人文气而享誉海内外。子冈牌长宽比例非常讲究，大小适中，方圆得度，玉料讲究，洁白无瑕，滋润温柔，以浅浮雕的形式将画面表现得精彩绝伦，淋漓尽致。牌面上的山水、花鸟、人物、走兽、诗文，极富中国绘画、书法的笔墨情趣，再加上牌头、边框的装饰，具有极高的观赏性，意味无穷。

当代苏州玉雕大师和名家，秉承“仿古与现代、传统与创新并举”的发展理念，在玉雕艺术发展的探索中，传承与发展子冈牌文化与工艺的精髓，不仅继承了苏作玉牌的精细典雅的特点，同时又融入了创新元素，积极融合当代其他玉雕流派的艺术营养，成为当代有重要影响力的玉雕艺术流派，涌现出了由杨曦、蒋喜、吴金星、陈健、䇹同生、唐伟琪、侯晓锋、陈祖雄、柴艺扬、徐斌、裘军毅、程磊、杨大钊、陈冠军、翟利军、葛洪、曹扬、叶清等大师名家和玉雕新锐为创作主力的一个玉牌创作群体，创作出了一大批中国当代玉牌精品佳作。其主要特色是构思讲究，精致灵巧，古雅别致，富有文化气韵，在全国玉雕界中具有很大的影响力。

杨曦大师的作品运用虚实对比强化主题，丰富了玉雕的艺术表现力，它改变了传统玉雕注重写实的表现方法，打破了程式化工艺的羁绊，拓展了玉雕表现技巧和表现手段，丰富了玉雕艺术美感的表现力，引领着传统玉牌从技巧型走向艺术化的方向。他以自己的心灵去体味和提炼现代美，表现和创造现代美，在形、景、情的结合上使方寸之间充满大意境。《江南》是他探索形、

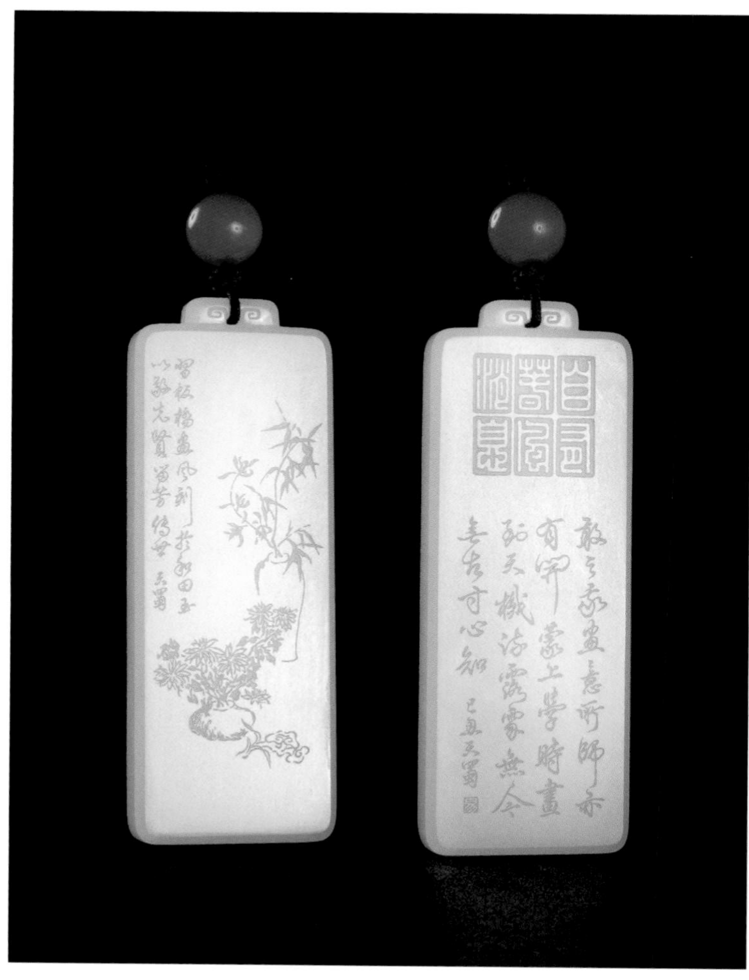

自有春风消息 白玉牌

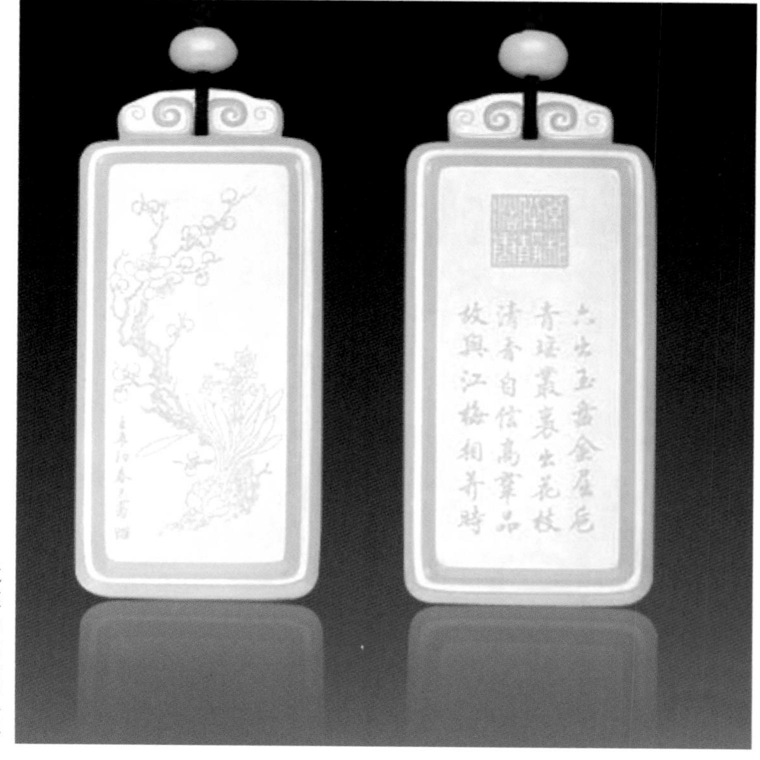

优雅的阴刻玉牌

传心铭 白玉牌

景、情结合的系列作品，玉牌《江南水乡》运用个性化的语言及艺术积淀，将作者对生活的感悟、个人的情感浓缩到方寸之中，创作出了情景交融、优美动人的佳作。这件作品的创作灵感起源于杨曦大师在工艺美术校就学时的一个习作，经提炼调整而形成。它摄取江南水乡“人家尽枕河”的场景，两岸民居层叠参差，中间的小河涓涓流淌，远处一座小桥横卧河上，一条小船静静地停靠在民居的水榭边。临河而居的房屋与小河一直伸展到远方。为了打破作品平面的沉闷，大师采取了浮雕和镂空雕相结合的手法，将远处的房屋轮廓镂空，并采用了大块面的切削方法刻画房屋，凸显出构图、透视、空间组合的美感，抒发了作者对水乡的深深眷恋和挥之不去的情感，使作品充满浓浓的江南水乡恬静怡人的意境。

（二）海派玉牌创意新奇

海派玉牌艺术是我国玉雕艺术花园里的一只奇葩，风格鲜明，以“新、奇、精”著称，经常是各大拍卖场最吸引玉牌藏家和爱好者眼球的玉牌拍品。海派玉牌是21世纪以后在上海崛起的一批具有丰富艺术素养、超前思想、现代理念和创作经验的海派玉雕大师名家的玉牌作品，这些风格的玉牌一方面在形制、题材、工艺等方面都创造性地传承了子冈牌的创作精髓，更重要的是契合了时代的审美和收藏者的需求。

海派玉牌艺术的创新与发展，是因应当代玉牌收藏者审美情趣和佩带方式的变化而形成的。形制由长方形状演变为长圆形、椭圆形、锥形、迭形、滴水形等；额头额框出现无额头、无额框、插花额头、加链条等变化；尺寸也随之放大、缩小、拉长、拉宽、放厚等各类造型。在题材运用方面，除将传统的吉祥题材以新的艺术和工艺表达方式之外，将历史、民族、现代生活的场景，甚至外来文化元素都纳入了海派玉牌的创作题材的范畴。在作品主题、艺术表现及工艺运用等方面大胆创新，使海派玉牌呈现主题表达多样化和审美个性化的大趋势。玉雕工具和工艺的发展使海派玉牌的制作工艺更加精致，主题表现更加充分，艺术效果更加突出，使海派玉牌达到了海派玉雕有史以来的高峰。

我国考古的新成果、新发现也为当代海派玉雕大师名家提供了新的文化营养。同时，伴随着全球化时代国际间经济和文化的交流，国外艺术形态、形式、风格影响甚至改变了人们的审美趋向，也影响着海派玉雕艺术家的创作理念。海派玉牌的大师们大量吸取各大中外艺术精髓，绘画、雕塑、书法、石刻等，乃至当代艺术。在最具表现中国文化的玉石雕刻传统工艺上，大胆将现代的审美引入到玉器的设计与制作上，形成了海派玉牌鲜明的艺术风格。

几十年的辛勤耕耘，海派玉雕在得天独厚的文化土壤上，成就了倪伟滨、夏惠

1	2

1 三星图 白玉牌
2 德者必得 白玉牌

誓愿宏深 白玉对牌

杰、吴德昇、刘忠荣、易少勇、翟倚卫、瞿惠中、王平、崔磊、洪新华、张焕庆、黄罕勇、颜桂明、吴灶发、于泾、郭万龙、于雪涛、蒋宏利、孙永、徐云栋、徐志浩等一批我国当代杰出的玉雕艺术家，他们其中有的在玉牌创作中极富成就。刘忠荣大师“忠荣牌”的工艺极致、吴德昇大师“立体雕牌”的太极线形、易少勇大师“天蜀牌”的阴刻绝艺、大师翟倚卫“新文人牌”的视觉概念、崔磊大师“破形牌”的独辟蹊径等都是海派玉牌艺术风格的鲜明代表。

刘忠荣大师的作品立体感极强，流畅的线条和丰富的层次是大师对玉牌天然感觉的真实表现。《仕女与猫》在玉牌最高最低点之间微小的距离间，做出了比常人更多的丰富层次，使得光线的走向更自然。竹蓬座椅、小猫仕女、其间所产生的转折多、面多、层次也多，却又搭配得自然顺畅。易少勇大师被誉为“文人牌第一人”，他的“天蜀”玉牌“书法造诣，堪称一绝”。刀代笔刻，或石木，或山水；浅雕微凸，或书法，或印章，线条遒劲变化，技法娴熟细腻，令人叹为观止。他的新作《相映成趣》对牌，方形圆角，张力饱满，平面微弧，把玩于手中光滑温润，开创了情侣对牌的先河。

在海派玉雕界中，翟倚卫大师是为数不多以玉牌创作为主要对象的玉雕艺术

1 和田玉曲水流觞牌
2 春江花月夜白玉牌

家，他的玉牌风格迥异、构思独特。追求中国文化意境的诗意表达和“意在画外”的中国美学思想，同时接受古老的艺术载体与现代艺术表达的冲撞和共融。他从国内外的绘画、雕塑、书法乃至当代艺术中汲取营养，在东西方艺术理论的基础上，将透视、立体架构引入以表达平面画面为主的玉石雕刻中，以阳刻和浅浮雕手法为主，运用画面基本写实、稍有变形的处理原则，既强调料形处理的规矩工整，又强调画面的细腻精准，突出海派玉雕精工细刻这样一个特征。尤其在边框处理上，引入了当代的花草图案，在题材、形象和形式的处理上与传统的图形有较大的不同，创作符合新时代的海派文人玉牌，清新而不落俗套。他的创作理念打破了玉雕总是表现高高在上的神佛题材和再现已经逝去生活的老套，把乡村的古朴气息、自然的幽谧风光都成为了其创作的题材，强调人与景相融合，景与人相陪衬，使作品绽放出诱人的艺术魅力。

（三）北京玉牌典雅大气

北京玉雕是北派玉雕的代表，其玉雕工艺和艺术风格多受明清皇家文化影响，融南、北玉作之美，集两大流派之长，同时融入了北方少数民族豪放的风格，形成了一大玉雕流派。当代北京玉雕的老艺术家有蔚长海、宋世义、李博生、郭石林、张志全、王金兰、柳朝国、杨根连等，创作主力有姜文斌、田健桥、苏然、苏伟、李东、赵琪、谢华、王希伟、崔奇铭、董毓庆、胡毓昆、张铁成、孟庆东、王俊懿等大师和名家，其中有苏然、苏伟、李东、赵琪、孟庆东等大师和名家擅长玉牌创作，他们的玉牌作品方寸之间透着大气，简约之中显着庄重，这也正是北京玉牌鲜明的艺术特色。苏然大师的玉牌作品以她对作品题材的深刻理解和准确把握的艺术技巧，以女性特有的敏感，将北方玉雕的大气率性和南方玉雕的细腻精致完美的兼融，创作出一系列当代北京玉雕的玉牌精品，《九思铭》就是其中之一。作品借鉴清代皇帝御用牌之形制，牌形厚重简略，工艺精致变化。背以缠枝纹饰边，刻孔子语“君子有九思、视思明、听思聪、色思温、貌思恭、言思忠、事思敬、疑思问、忿思难、见得思义”令人品味良久。让人在欣赏作品的艺术精妙的同时，启迪人们的哲学思考，这也是作品的文化价值的上佳表现。

（四）扬州玉牌精巧灵秀

“天下玉，扬州工”，扬州玉雕艺术具有悠久的历史，独特的工艺，不朽的作品，灿烂的文化，引领中国玉雕艺术数百年。扬州玉雕创造性地将阴线刻、深浅浮雕、立体圆雕、镂空雕等多种技法融于一体，形成了浑厚、圆润、儒雅、灵秀、精巧的基本特征，以其独有的艺术魅力著称于世。

扬州玉雕古有《大禹治水》的扬州先人玉匠，今有黄永顺、顾永骏、焦一鸣、刘筱华、李小威、夏林宝、江春源、汪德海、高毅进、薛春梅、沈建元、顾铭、孙有庚、杨光、刘月川、韩宏等大师和名家，他们在对中国传统玉雕文化继承的同时，又创新和发展了现代扬州玉雕的题材内容和雕刻技法。特别是代表扬州玉雕艺术水准的山子雕、花卉链条瓶、玉白菜、仿古器皿、玉牌、手把件这六大品类的技艺水平，一直在全国玉雕行业独领风骚。

近十几年扬州玉牌创作者发挥自身艺术优势，博采众家之长，创新玉牌创作理念打破了以前一成不变的长方形玉牌形式，增加了圆锥形、椭圆形、圆形和随形等几种玉牌造型，在以前浮雕的表现方法上又增加了一种阴刻手法，尤其是山水画的白玉牌创作中，突出山水画的透视层次感，这种表现技法通过精细工艺达到上佳的艺术效果。当代扬州玉牌构图新颖，造型优美，做工精致，创作了大批玉牌精品，显示出扬州玉雕工艺技法的精湛。顾永俊、汪德海、薛春梅等大师把山子雕的技法运用于玉牌创作，用他们娴熟的艺术把握能力，在玉牌这个相对较小的表现空间，创造出了大意境。顾永俊大师的和田白玉籽料套牌《四大文豪》，汪德海大师的和田白玉籽料玉牌《三星高照》，薛春梅大师的和田白玉籽料套牌《春风得意》等作品构图严谨，清新雅致，刻画线条优美流畅，层次清晰，人物栩栩如生，画面灵动传神，给人以玉中诗、画中情的奇妙观感，雕工精湛绝伦，是扬州玉牌的经典作品。

（五）新疆玉牌浑厚精雅

近年来，中国和田玉艺术创作非常繁荣，名家辈出，精品频现，越来越受到和田玉藏家与爱好者的关注和喜爱。伴随着中国和田玉产业的快速发展，新疆的玉雕艺术和工艺也发展很快，近十年新疆玉雕界已形成了以中国工艺美术大师、中国玉石雕刻大师马进贵、赵敏，中国玉石雕刻大师马学武、郭海军、樊军民、周雁明、陶虎、刘剑刚等国家级大师和单智、陈天四、李宝义、姜庆、贾健忠、马秀芳、舒丽梅、闫小波、邵飞、文军、吴健、苏朝强、陈曙明、朱丽、杨子等几十位省级大师组成的创作群体，富有西域风格的玉雕作品在全国玉雕界的影响越来越大。樊军民大师的玉牌创作风格集南派

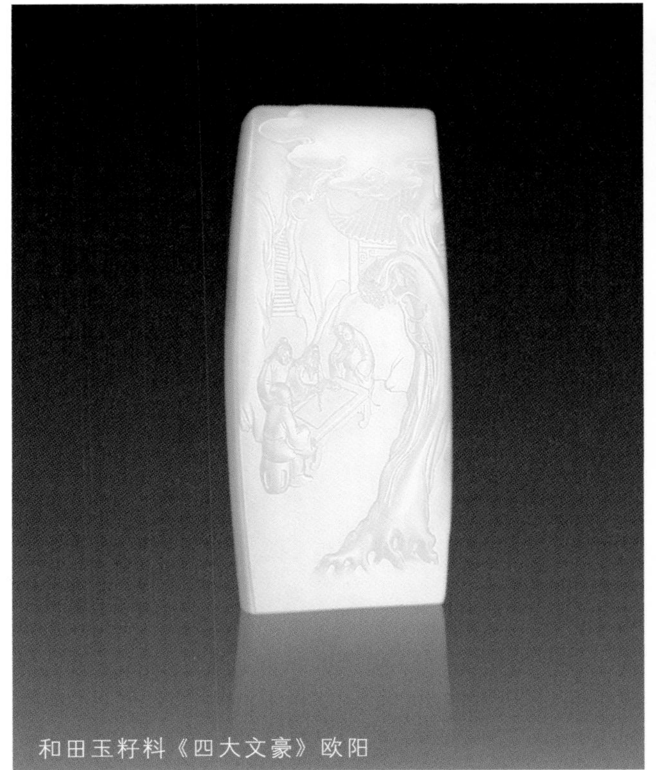
和田玉籽料《四大文豪》欧阳

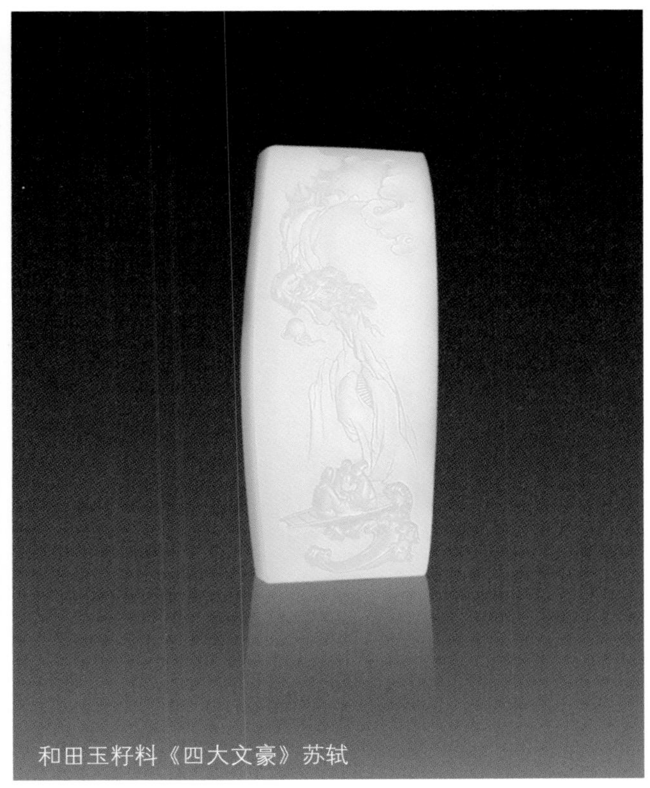
和田玉籽料《四大文豪》苏轼

和田玉籽料玉牌 三星高照

十二元辰 白玉套牌

玉雕的精致与北派的浑厚为一体，创意新颖，料精技巧。樊军民大师创作的《春江花月夜》白玉牌在2011年博观拍卖秋拍中，以156.8万元的高价成交，充分说明市场对新疆玉牌艺术价值和市场价值的广泛认可。《春江花月夜》是唐朝诗人张若虚的一篇脍炙人口的佳作，诗人以美妙的笔触，描绘了春、江、花、月、夜五种良辰美景，尽情赞美了大自然的奇丽景色，千百年来令无数读者为之倾倒，产生了永久的艺术魅力。樊军民大师采用如此美妙的意境为创作题材，可见作品创意之精到。玉牌《春江花月夜》采用和田玉带翠白玉原料创作，把玉料的玉质美演绎到了极致。作品玉质盈润细白，中部带翠色，十分难得。作品大刀阔斧，浮雕展现，刻画美妙的荷塘场景，以此表现出了春色无边的大意境。作品正面上部雕琢翩跹起舞的蜻蜓，奔向尽情绽放的荷花。中部的翠色部分俏色为莲叶，煞是美丽。背面滴露荷塘，境由景生，寥寥数笔，不多修饰，却生动形象地勾勒出了春江花月夜的实景，看似随意随形的曲线和弧面将荷塘的柔美意境娓娓道出。“春江潮水连海平，海上明月共潮生。滟滟随波千万里，何处春江无月明……”使玉牌《春江花月夜》达到了玉材自然美、主题哲理美、技法表现美、内涵意境美的艺术效果。

四 当代玉牌作品的市场表现

在我国当代玉雕艺术品领域，玉牌有着独特的魅力，一块玉牌方寸间融故事与文化于一身，使天生高贵丽质的美玉，经过玉雕师的艺术创作之后，拥有了生命与文化的灵魂。每一件精美的玉牌，无论是在玉器古玩市场，还是在各大小拍场都备受青睐，是玉器投资收藏者关注的焦点。随着我国当代玉牌艺术的不断发展和玉器市场体系的逐步完善，玉牌也逐渐确立自己独特的市场地位，成为玉器投资收藏

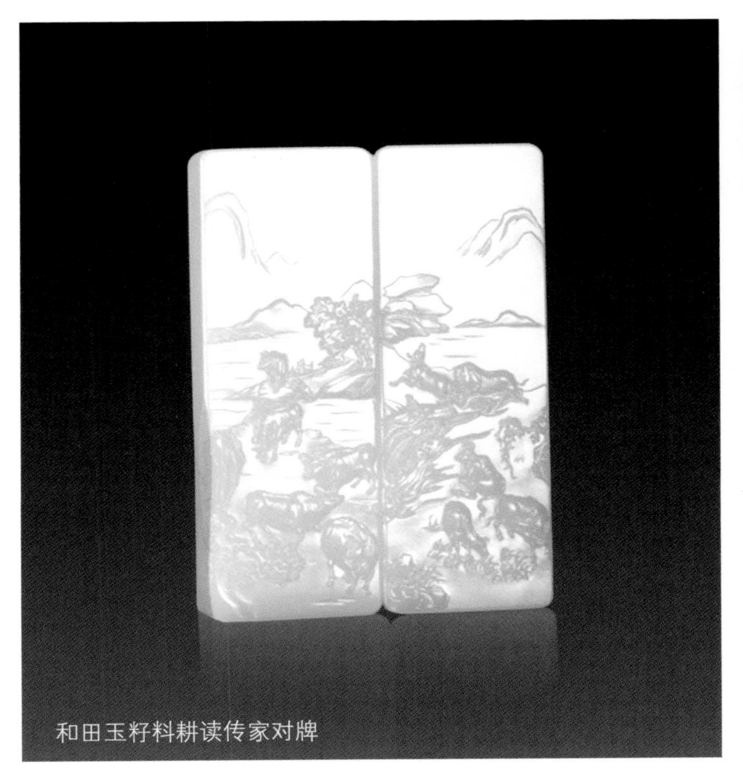
和田玉籽料耕读传家对牌

龙焰 白玉牌

和田白玉籽料套牌 四大名著

的一大热点。

从2011年下半年开始，中国玉器市场持续处于调整状态，通过观察了中国当代玉器主要拍场——西泠拍卖和博观拍卖的玉牌拍品的成交数据，基本上可以触摸到中国当代玉牌作品的市场脉搏。

（一）当代玉牌的市场关注度高

从2011年秋拍到2013年春拍，西泠拍卖共举办了五场中国当代玉雕大师作品拍卖专场，从全部专场的成交结果看，当代和田玉牌市场表现一直比较抢眼。从上拍量看和田玉牌作品的上拍量总体上保持在每场总拍品的四分之一，是上拍玉雕作品中较大的一个玉器品种。2011年秋拍玉牌上拍39件成交34件，成交率为

87.18%，其中中国工艺美术大师刘忠荣、中国玉石雕刻大师易少勇两位大师合作作品《誓愿宏深》白玉对牌拍出563.5万元，中国玉石雕刻大师杨曦玉牌作品《听香》白玉牌成交价为402.5万元，苏州玉雕名家程磊《姑苏图》白玉套牌成交价为115万元，中国玉石雕刻大师苏然的《神器》白玉牌和中国玉石雕刻大师翟倚卫的《兰馨满园》白玉牌均以109.2万元成交。

北京博观拍卖2011秋季拍卖会，共举办了11个专场，其中"气成虹霓——中国玉雕大师葛洪年度作品专场""淳明浩博——中国玉雕大师颜桂明年度作品专场""长风玉舍——中国玉雕大师赵显志年度作品专场""智圆行方——中国玉雕大师蒋喜年度作品专场""枕玉江南——中国玉雕大师瞿利军年度作品专场""霁月光风——中国玉雕大师翟倚卫年度作品专场""如琢如磨——中国玉雕大师樊军民年度作品专场""玉润秋清——当代玉石雕刻名家艺术精品专场"等八个专场共有98件和田玉牌上拍，成交41件，成交率为41.84%，明显高于北京博观2011年秋拍全场的平均成交率。

（二）当代大师名家作品的价值认可度高

由于受世界经济形势和国内宏观经济环境的影响，秋拍全场成交率偏低，但玉雕名家作品还能频出新高，出自大师名家之手的和田玉牌可谓是大赢家，在"霁月光风——中国玉雕大师翟倚

1 | 2

1 和田玉籽逐鹿中原子冈牌
2 和田玉籽料溪山隐居牌

卫年度作品专场”上拍中国玉石雕刻大师翟倚卫和田玉牌拍品21件，成交15件，成交率高达71.43%，成交价超过百万达8件，其中由三块和田玉籽料玉牌组成的《三顾茅庐》组牌估价为1000万，后经多轮激烈竞拍以1500万元(不含佣金)成交，创下中国当代玉牌拍卖成交最高纪录。羊脂玉《春醉蔷薇》牌以655.2万元成交，和田羊脂玉《香云弦月》牌以163.3万元成交，和田玉籽料《清昭》牌以161万元成交，和田玉籽料《溶月澹风》牌以257.6万元成交。在北京博观2011年秋拍中，颜桂明、樊军民、孟庆东、陈冠军等大师名家的玉牌作品也都受到了藏家的青睐，这反映出当代和田玉藏家和投资者越来越看好玉牌这个玉雕品种，越来越认可当代玉雕大师和玉雕名家作品的艺术价值。

2012年西泠拍卖春拍玉牌上拍48件成交37件，成交率为77.08%，杨曦的《净面忠勇》白玉对牌成交价为460万元，翟倚卫的《把酒临轩》白玉牌成交价为149.5万元，翟倚卫的另一件白玉牌《桃花依旧》白玉牌拍出126.5万元，刘忠荣的《金莲开法界》白玉牌拍出115万元。2012年中国良渚文化园中国当代玉雕大师作品专场玉牌上拍36件成交31件，成交率为86.11%，翟利军《江上枫》白玉牌以97万元成交，成为本场和田玉牌作品的最高成交价。2012年西泠拍卖秋拍，玉牌上拍45件，成交35件，成交率为77.78%。其中，中国青年玉（石）雕艺术家陈建的《十二元辰》白玉套牌以287.5万元成交，杨曦《龙焰》白玉牌以207万元成交，翟倚卫《最是一年春好处》白玉牌成交价为161万元，苏然的《三星图》白玉牌拍出126.5万元。2013年西泠拍卖春拍玉牌上拍68件成交56件，成交率为82.35%，刘忠荣《莲台炉香》白玉牌，翟倚卫《人间亦自有丹丘》白玉牌，中国青年玉雕艺术家陆爱风《寿比南山》白玉牌，分别以161万元、161万元、138万元成交。这些成交数据表明，在中国和田玉市场低迷的大环境下，玉牌作品获得如此高的市场关注度和上佳的市场表现，实属难得。

2013年4月以来，从落锤的北京博观拍卖举办的三期“玲珑美玉”——当代玉雕精品无底价拍卖会”来看，3场共上拍和田玉牌作品106件，成交率为100%。和田玉牌拍品最高价均是苏州玉雕名家陈冠军的作品，分别是和田玉籽料《清雅和合》牌、《情投意合》牌、《溪山隐居》牌和《逐鹿中原》牌。

2013年7月28日，北京博观当代玉雕精品2013春季拍卖会在北京环球贸易中心落锤。从拍卖现场氛围以及成交结果来看，无底价拍卖依旧竞争激烈，中国工艺美术大师、中国玉石雕刻大师和当代玉雕名家所创作的精品依旧受到人们的追捧，但高价位拍品虽然关注度较高，但人们的观望情绪较为浓厚，成交却表现较为理性，市场依然没有走出调整的阴霾。但“玉佩琼琚——当代玉雕名家玉牌艺术精品专场”有不俗的表现。本场当代玉牌专拍荟萃了61件中国工艺美术大师、中国玉石雕刻大师及当代玉雕名家创作的玉牌精品，成交25件，成交率为41%，成交1459.81万元，占博观春拍总成交额的48.92%。上拍的玉牌作品集中展示了当代中国玉牌创作的最高水平。从拍卖结果来看，藏家在关注拍品玉质及工艺的同时，也更加关注拍品创作者的名气和市场影响，当代大师和名家所创作的玉牌精品受到了藏家的热捧。本场中，由苏州玉雕名家陈冠军所创作的和田玉籽料《耕读传家》对牌，创意设计新颖，玉质佳美，工艺精致，意境清幽。在拍卖时这件拍品从330万起拍，经过16轮激烈竞价，以490万落槌，加上佣金成交价为563.5万元，成为2013年北京博观春拍拍品成交价第一名。在北京博观所举办的拍卖会中，由苏州玉雕名家陈冠军所创作的和田玉牌作品一直受到藏家追捧，多次成为成交拍品价格之冠。

优质和田玉资源的稀缺性，决定了和田玉原料价值的增长性。玉雕大师的艺术创作赋予了玉牌作品除原料之外的工艺、文化和艺术价值，以及大师名家具有的独特个人气质与丰富的人文价值等非物质价值因素，这在当代玉雕艺术品收藏投资中，是藏家和投资者非常关注的主要方面，所以大师名家的和田玉牌精品的市场关注度和价值认可度，正是和田玉牌作品价值的客观体现。

EXPERTS IN NEW

专家新论

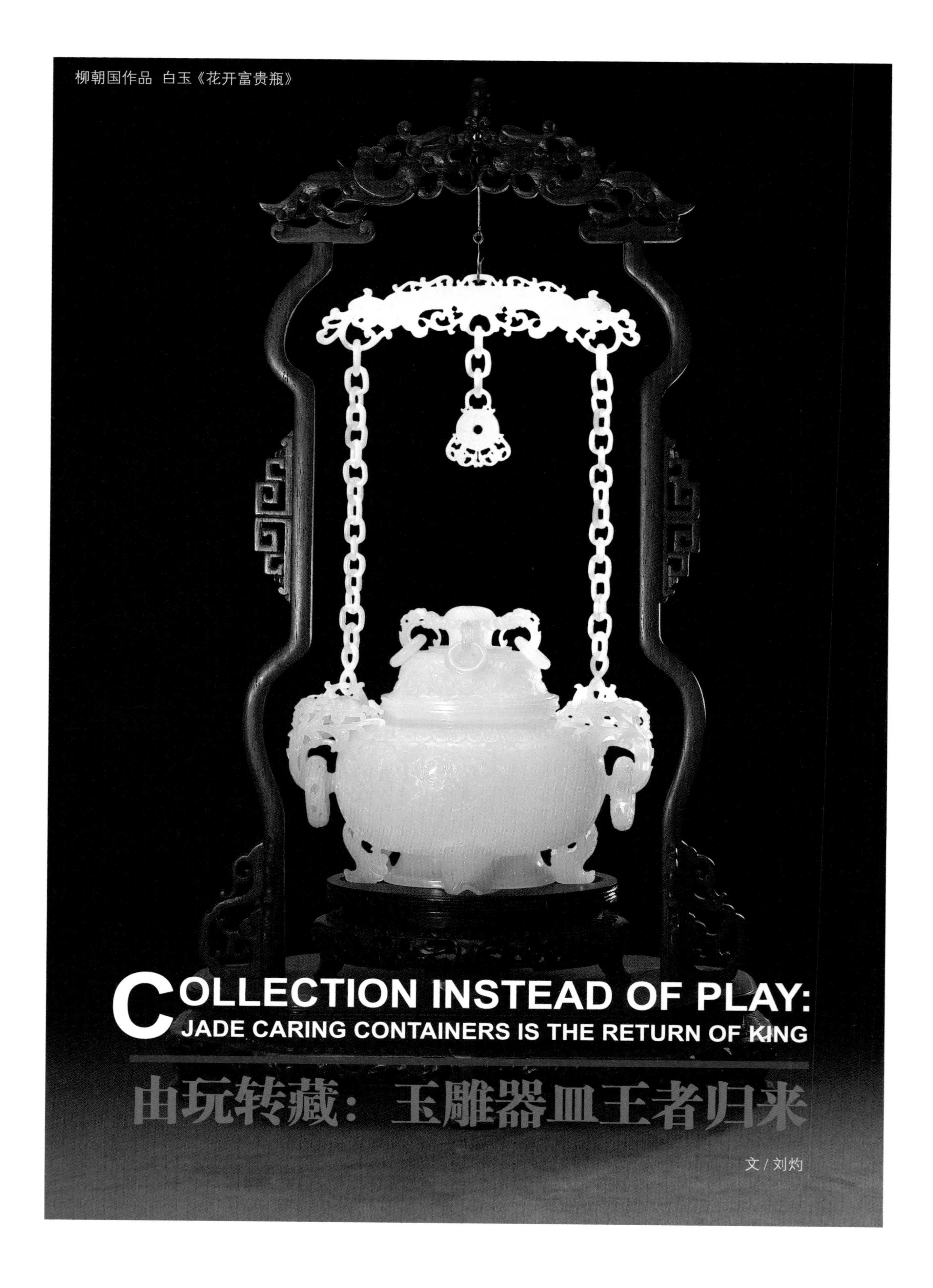

柳朝国作品 白玉《花开富贵瓶》

COLLECTION INSTEAD OF PLAY: JADE CARING CONTAINERS IS THE RETURN OF KING

由玩转藏：玉雕器皿王者归来

文 / 刘灼

中国当代玉雕市场虽经近十几年的蓬勃发展，但仍处在一个普及推广的初级阶段，这从挂件类、手把件小件玉雕的风靡及疯狂尤见一斑，有着几千年玉文化积淀的中国玉器，必将驶入由玩转藏的路途，必将迎来当代玉雕的再次辉煌，那就是王者归来——玉雕器皿件的价值回归。

在近几年小件玉雕风靡收藏界之后，更具艺术含量和稀缺性的器皿类玉雕的收藏和投资价值日益凸显。由于器皿类玉雕对原料的要求苛刻，制作工艺复杂，近几年，器皿类玉雕在市场上呈渐减势头，现在很多人关注此类玉器，是为了抢得先机。

目前和田玉原料的价格已经处在历史高位，市场上最常见的品种，如牌子、把件，价位动辄几十万元，给很多玉雕工作室造成了不小的压力。以制作玉牌为例，先是用几十万元买块料，然后再用几个月的时间设计、制作，最后用几个月甚至更长时间出售，因为原材料的成本和人工成本、艺术附加值、市场风险全在里面，价格肯定低不了。

前两年，价格在十多万元的牌子、把件最容易出售，但是现在这个价位的玉雕作品已经很少了，牌子、把件基本是20万元起步，比以往涨了一个数量级。十万元以下的玉雕，往往料都不大好，有些买家对原料品质的要求非常高，对这种玉雕也就不会很关注。

不仅仅是和田玉，翡翠的价格也同样处于历史高位，很多制作翡翠的工作室和作坊，把成品卖掉后，想再进点原料继续加工，却找不到合适的料，不是价格太高，就是料的品质不好，让人很为难。

以上种种现象都表明，小件玉雕制品的未来市场趋势，正在繁荣的表面下悄然地发生着一些变化。当然，因为原材料的涨价和资金压力的增大，玉雕制品的行情就此一蹶不振是不可能的，但是小件玉雕制品会随着市场的发展，流通速度逐渐放缓。

玉雕市场趋势的悄然变化，不仅仅源于原材料和资金方面的压力，还取决于新进资本的审美取向和购买方向。

各种资讯显示，以银行为代表的金融资本，正在越来越多地把注意力集中到当代玉雕艺术上来。当然，银行并不是对艺术感兴趣，他们只对当代玉雕艺术品的增值感兴趣。金融资本的意图是，把当代玉雕艺术品作为未来专户投资理财的一个发展方向。已经有不少地方的银行就此展开调研，部分银行已经在筹办开设相关业务。据了解，目前比较流行的做法是将玉雕艺术品基金化，即成立玉雕艺术品投资基金，购买一定数量的玉雕作为该基金的一个投资组合，然后像股票基金和债券

柳朝国作品 碧玉《万福万福寿瓶》

夏惠杰作品 白玉《四季笔筒》

中国玉文化研究院藏《五福祝寿瓶》

基金那样，将这个基金划分为若干份额，由投资者认购。

在股票市场中，机构投资者对散户投资者具有巨大的指向性作用，而当各类艺术品投资基金纷纷设立之后，这些机构投资者在玉雕市场上买什么样的作品，也会对市场中的个人买家造成很大的影响。所以从某种程度上来说，未来的玉雕市场，将是以这些机构投资者为核心的市场。就目前情况看来，这些机构投资者似乎对牌子、把件这些品种的兴趣不大，他们更喜欢原料质地优良且有一定体量、更高艺术含量和制作难度，更具稀缺性的器皿类玉雕。

还有一个值得关注的现象是，除了金融资本外，产业资本近年来在玉雕市场中的购买力不断增强，影响力和号召力也越来越大。产业资本追逐玉雕艺术品的原动力，来自于各地政府越来越重视当地文化事业发展，以及民营企业发展壮大后，对自身企业文化的追求。产业资本购买的玉雕，往往会被用来充实各种公立、民间博物馆，纪念馆，艺术馆的馆藏品和陈列品。既然是馆藏品，那么藏品的档次就很重要，因为这代表了艺术馆的层次和审美水平高低。无独有偶，产业资本也更为青睐天生就比牌子和把件更高贵的器皿类玉雕艺术品。

为何金融资本和产业资本都不约而同瞄准器皿类玉雕呢？原因很简单，更高的艺术含量和加工难度，被低估的价格。以器皿玉雕作品《碧玉福寿大瓶》为例，这件碧玉瓶是中国工艺美术大师柳朝国的作品，采用一整块碧玉料精心雕琢而成，耗时两年，通体遍布繁复的纹饰，造型端庄大气，有清乾隆时期玉雕器皿的遗风，是典型的京派玉雕精品。

这件碧玉福寿大瓶的高度超过50厘米，制作周期长达2年多，而目前玉牌和把件的制作周期一般是一到两个月。以此推算，柳朝国做这件玉瓶的时间，可以做20多块玉牌或者把件。现在玉牌的价格经常是20万元起步，有些牌子能卖到七八十万元，而这件碧玉瓶的估价是200多万元。如此简单一算，就可以发现这件碧玉瓶的价值明显被低估，这还不算制作大型器皿的风险、选料的难度，以及设计构思的难度等等。

能够说明器皿类玉雕价值被低估的例子很多，例如我国当代金银错嵌宝石玉雕艺术第一人，中国工艺美术大师马进贵制作的金银错嵌宝石玉壶，与同为工艺美术行业的紫砂大师制作的紫砂壶相比，价值明显被低估。马进贵大师的错金嵌宝石玉壶，其拍卖价格也不过30万元至50万元区间，与紫砂泰斗顾景舟拍卖价格上千万元的紫砂壶相比，其价格被严重低估。即便是其他的紫砂大师的壶拍卖价格也到了50万元至100多万元，而马进贵玉壶的制作成本，远非这些紫砂壶可比。

虽然现在和田玉的原材料很贵，但笔者认为，比原材料更珍贵的，是艺术家们的创意和精绝的手艺。以薄胎器皿为例，现在做薄胎做得最好的是柳朝国、马进贵大师，但是他们都已经60多岁，作品数量并不多，而新一代的玉雕名家中，擅长设计与制作器皿类玉雕的并不太多。都说现在原料少、原料贵，能用来做器皿的原料更少，但是如果找到原料，又如何能够找到令人放心的玉雕大师来做呢？这是个比原料更令人担忧的问题。

综观我国玉雕艺术发展史不难发现，宫廷玉雕艺术是建立在大件器皿制作工艺的基础上的，因为皇帝玩玉，较少玩小件，大件器皿更能体现皇家风范，这其中尤以乾隆皇帝为最。在早年的北京玉雕厂，一块料拿来，最先考虑的也是制作玉雕器皿或者人物，最后才会考虑制作其他类的玉雕件。当代玉雕发展到今天，器皿类玉雕逐渐被重视，也是文化的传承使然，是合乎玉雕艺术发展规律的。

APPRECIATE JADE AND ENLIGHTMENT

品玉悟道

JADE CREATION AND USE THE LAOZHUANG'S CULTURE

玉雕艺术创作与老庄禅学的运用

文 / 田健桥

玉石的自然属性给人以美感，自玉石工具肇始，先民们即以玉为材，并且几乎将其应用于所有的领域之中。玉器作为一种高层次的文化载体，对中国古代的政治、礼仪、商贸、图腾、宗教、信仰，乃至生活习俗和审美情趣所产生的深刻影响，是其他任何古器物无法比拟的。玉器在古代社会中既是精神财富，也是物质财富。玉所特有的美丽光泽和温润内质使它成为一种超自然物品，被赋予人文之美。西汉文学家刘向在《五经通义》里，赞美玉有五德："温润而泽似于智；锐而不害似于仁；抑而不挠似于义；有瑕于内必见于外，似于信；垂之如坠似于礼"；"君子比德于玉焉"。

玉石雕刻自人类早期的良渚文化、红山文化中的朴拙器形、简括的线刻，到明代玉匠陆子刚个性"玉牌"风格的创立；清代皇室的青玉山子《大禹治水》《会昌九老图》《秋山行旅图》的巨型之作到现代玉雕山子南派《大千佛国》《妙聚它山》《汉柏图》的精雕细琢以及北派《岱岳奇观》《含香聚瑞》《四海腾欢》《群芳揽胜》四大国宝的异彩纷呈，无不显现了中国历史上不同时期的玉文化发展与进程。进入21世纪，海派玉雕的精工妙艺、扬州玉雕的炉火纯青、苏州玉雕的古雅传承、北派京工的大气凛然，再次构建了一个新时期的玉文化盛世，传统文化与时代理念相融合，引领中国玉文化逐步进入了百花齐放，五彩缤纷的艺术辉煌时代。

中国当代玉雕艺术是传统的、科学的，更是多元文

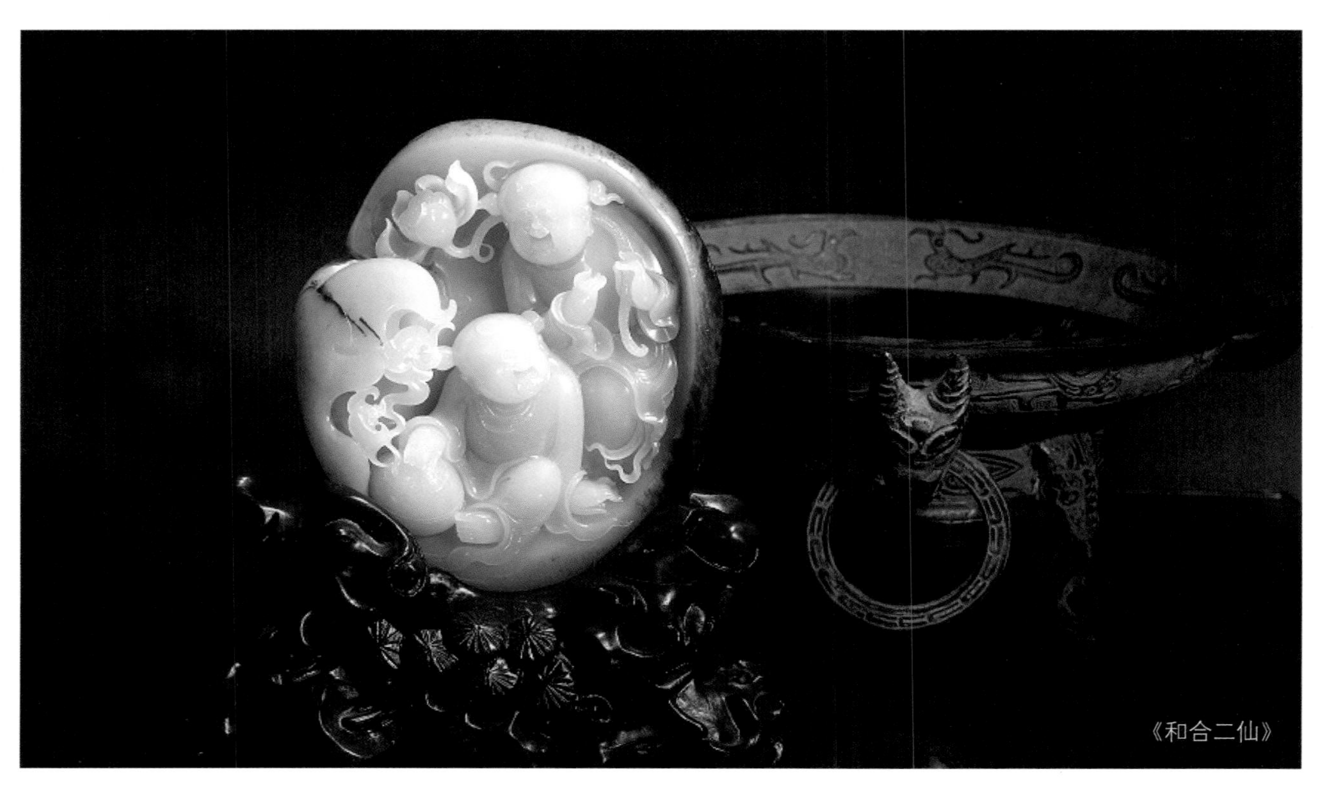

《和合二仙》

《桃源问津》

化的整合与体现。大致可分为南北两派，南派以扬州、苏州、上海为代表，其艺术风格精妙入境，清雅静逸，秀丽端庄，北派以皇家京工为代表，作品圆润、苍劲、厚逸大气，南北两派相映成趣，各具千秋，然如何传承发展，创新便是关键。中国玉雕艺术是现代人文哲学美与自然道体美“天人合一”的艺术，美在自然而然之中，是中华审美之理念。纵观古今中华上下五千年，大美无一不与道禅同源。

儒、道、释各家都强调人与自然的统一。“与天地并生，与万物为一”（庄子），“上下与天地同流”（孟子）、“赞天地之化育”，“与天地参”（孔子），此顺应自然，就是肯定大自然生生不息的运动而呈现在空间和时间上的无限与永恒。特别是老庄之“道”，在强调人格本体与宇宙本体的合一中实现个体的无限和自由的境界。治玉之道亦如此，创意构思，以自然而然，即“笼天地于形内，挫万物于笔端”，有限中见无限，瞬间即永恒，以体现中国艺术精神与自然美。

禅家称“妙悟圆觉”“悟道”等，侧重于体验境界，追求进入超时空的境界。玉雕艺术创造中的“妙悟圆觉”，表现了直觉体验和思维的艺术深度。唐代诗僧齐己就有过“虚空坐忘心最真”“忘机终在寂寞深”的体验，玉雕艺术与诗画同源，表明在玉雕创意上与禅道有着相似的心理氛围。玉雕艺术营构状态，则似禅宗中以“无”去悟“道”，使悟“空”成为感性的个体体验和高层次的直觉感悟。宋代文学家、书画家苏轼言“空故纳万境”，领悟神明便是获得了认识和精神超越的审美感悟境界。然“神会”是

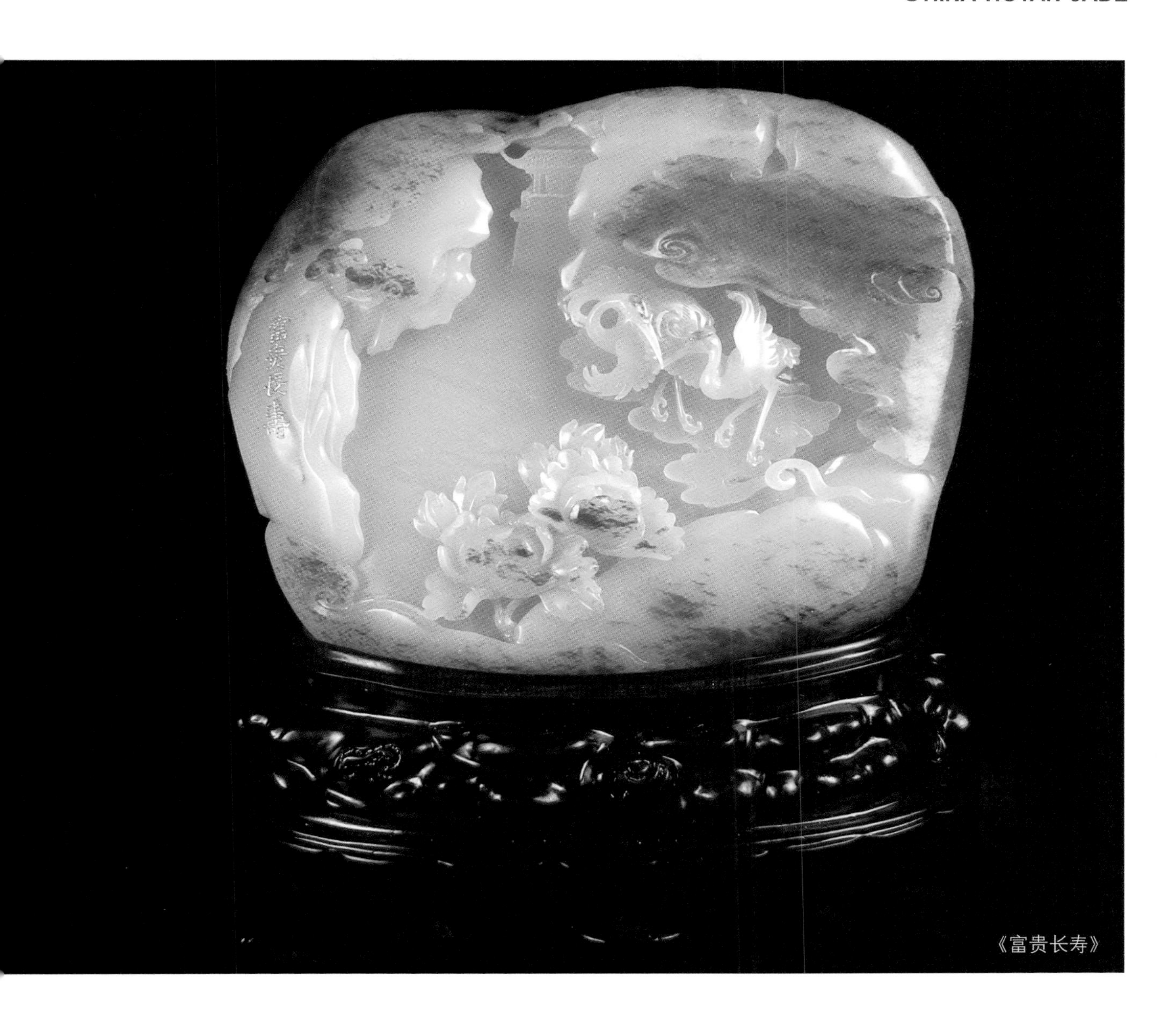
《富贵长寿》

心灵的深层感应。“兴到神会”“神与物游”，是中国艺术直觉创造的基本方式。进而凝神一畅神，“畅神”是指艺术家在瞬间顿悟中进入“意境两忘，物我一体”时所达到的凝气怡身、悠然意远的澄明境界。南朝宋画家宗炳则称“万趣融其神思”的境界为“畅神”。它是悟觉思维和审美体验的最佳心态，可以理解为“神会”的最高境界。

中国玉雕艺术与文学艺术、绘画艺术一样，讲求心物融一，天人合一的原始体验美学，极大地开拓了玉雕艺术意境的空间，同时又能达到浑然一体、天衣无缝的艺术创构形态。唐代画家张璪提出的“外师造化，中得心源”可理解为意境的创构要旨。苏轼所言之：“与可画竹时，见竹不见人。其身与竹化，无穷出清新”。元初作家元好问的“一语天然万古新，豪华落尽见真淳”。明末琴家徐上瀛之“天然之妙，犹若水滴荷心，不能定拟。神哉圆乎”等。其间既有潜藏着的思辨理性，又有以心法为要的圆通意识。艺术领域中，庄禅的默契常常浑然一体，每每谈及艺术皆既有庄又有禅，有着明显的互通。

玉雕艺术创作与诗书画印的艺术精神同源，与老庄哲学、禅学、儒学思想相互渗透，其艺术审美与营构，应主要体现在以下几个方面：

一是心物交融。由静观上升之至虚化的心灵。玉雕艺术创作强调静观，切忌浮躁。所谓“万物静观皆自得”，“画必须静坐，凝神存想”。因此“气静”才能“神凝”。但真正的大手笔不仅有其静观，更应有其虚化。没有心灵的虚化就不可能做到“心忘乎手，手忘乎心”，从而成其“物我两忘”的境地。虚化的心灵是指整个心灵都是空明纯净的，所谓“空故纳万境”。“气静”“神凝”“虚化”“离形去知”，亦即要有所“忘”，而后才能有所得（不忘）。只有忘了一切杂念，才能获得彻底的超脱和自由的“游”。于是心的畅游与玉石融会，如同“气”一般自由出入，也就有了“身与物化”的无限乐趣，能达到“判天地之美，析万物之理，察古人之全”，“备于天地之美”的至高境界。“静而圣，动而王，无为也而尊，素朴而天下莫能与之争美”。这个本性也就是自然之生命的体现，故物即我，我即物的心物交融之境界。

二是直抒胸臆之“真”。抒真意，不藏真性真情。庄子说“法天贵真”，禅家有“心诚则灵”。历代文人对真情、真性、真趣、真意等的强调可谓举之不尽，明代文学家李贽《童心说》言：“若失童心，便失却真心，失却真心，便失却真人。”清代诗人袁枚在《随园诗话》中强调：“诗者，各人之性情耳”，“须知有性情，便有格律，格律不在性情外。”因此，玉石上的诗文书画要具备真情真趣。

三是虚实相生。玉雕构图布局讲究“疏可走马、密不通风”，通过大小、疏密、聚散、虚实的对比形式

《一行白鹭上青天》山子

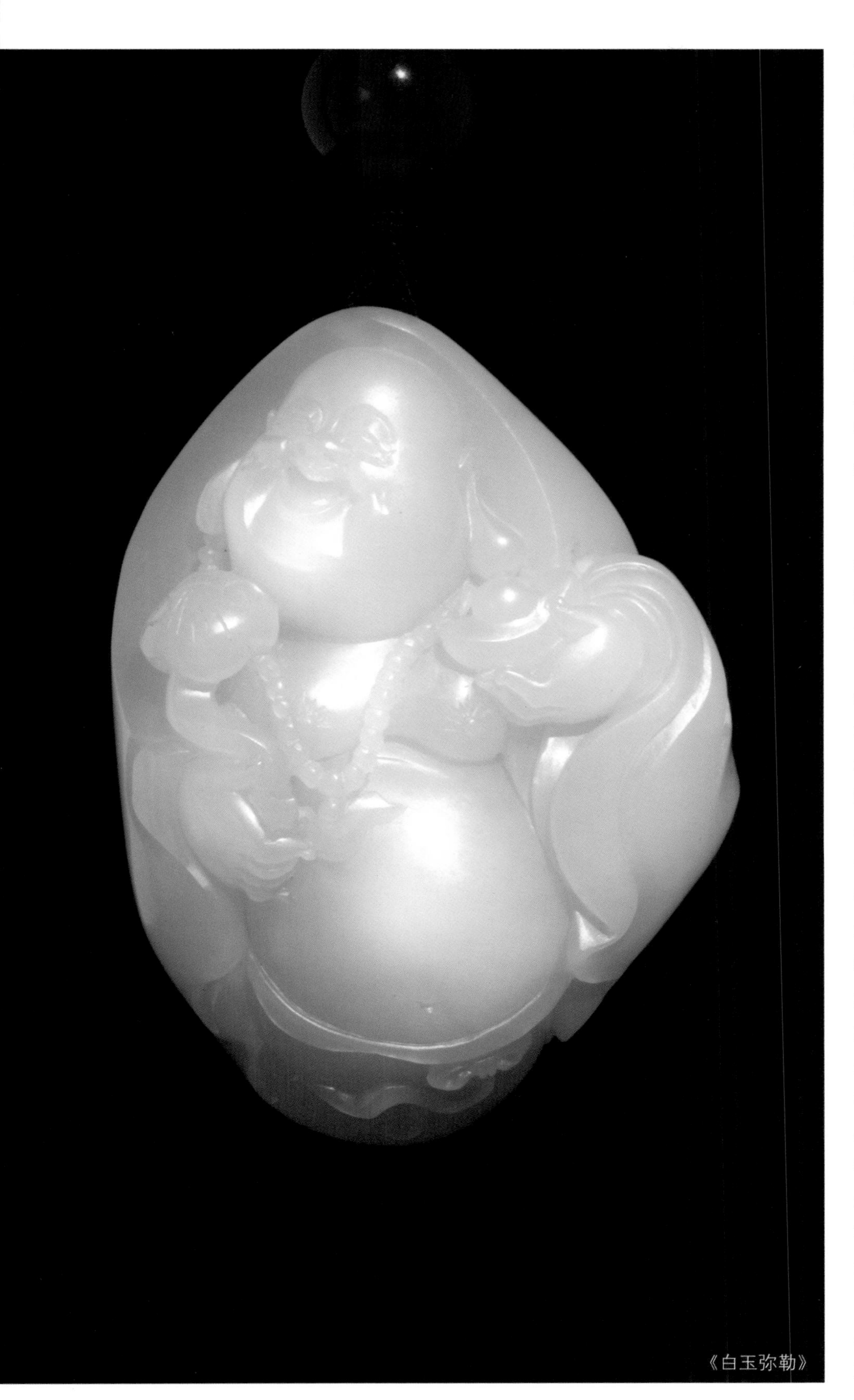
《白玉弥勒》

表现画面；其虚实相生，旨趣在“虚”。清代书画家蒋和《画学杂论》云：“尝论玉版十三行章法之妙，其行间空白处，俱觉有味，可以意会不可言传。与画参合亦如此。大抵实处之妙，皆从虚处而生。”任何艺术形象（形式），只有产生“虚”的艺术效果，即求之于“形象之外”的效果，才称得上被赋予灵性。然而“虚”总是要以“实”为前提和基础。“虚”的境界的形成依赖于“实”，没有精到的“实”的艺术创造，没有“实”的暗示或象征的作用，就不可能产生“虚”的艺术效果。

唐代诗人王昌龄《诗格》曰“诗有三境”：“物境”“情境”“意境”。“三境”都有虚实相成的因素。观泉石云峰之境，“神之于心”，“神境于心，莹然掌中”，是通过“心”的灵视，带有虚化之意。“意境”（心境）清代书画家笪重光《画筌》中的论述：山之厚处即深处，水之静时即动时，林间阴影，无处营心，山外清光，何从着笔。空本难图，实景清而空景现；神无可绘，真境逼而神境生。位置相戾，有画处多属赘疣；虚实相生，无画处皆成妙境。“人但知有画处是画，不知无画处皆画。画之空处，全局所关，即虚实相生法，人多不着眼空处。妙在通幅皆灵，故云妙境也。”

《寿酒》山子

四是气韵生动。治玉如同作画，落笔须胸中有“气韵”，脑中有“形神”。“气”是涉足一切方面的哲学本体。它既可包括艺术、人体科学、生命学等各种领域，又可具有不同的指向，如精气、元气、文气、骨气、笔气、墨气等，不同的“气”自然都有各自不同的含义，但真正合于“气韵生动”之气，理应是指一种生命的元气，生命的艺术化表现形态，即南朝梁文学家萧子显《南齐书·文学传论》中说的“放言落纸，气韵天成”之气。“韵”是指富有灵动情调的一种通脱的艺术趣味。“韵”常常表现为《坛经》（唐高僧慧能著）中所说的：“若有人问汝义，问有将无对，问无将有对，问凡以圣对，问圣以凡对。二道相因，生中道义”的妙悟、禅趣。唐代画家张彦远《历代名画记》中指出：“若气韵不周，空陈形似，笔力未遒，空善赋形，谓非妙也。”“韵”这个术语，尤受人重视，凡书画均要以“韵”取胜。玉雕艺术“形即体、神即韵”器形状貌与风格、气韵、神韵，即“韵”之足文申义，气韵天成。

五是从“心观”到“观心”。“心观”是指领会，从别人的言行举止，大自然之山川草木，飞禽走兽，或诗画艺术中得到启发，享受审美快感。《笔法记》（五代时期画家荆浩著）中有：“思者，删拨大要，凝想形物，”说的就是这种心观，即物象。但仅仅体会到“象”之所在还远不够，更须得“象外之象”的深一层领悟，这领悟便是自我之心即“观心”。也就是禅宗所示之“因缘见性”，所谓“性即是心，心即是佛，佛即是法”。玉雕作品要见出个性，要善于表现个性，须以心观心，须知“自我”，然后方能“有我”。

六是归于平淡。玉雕作品要自然得体，不要为浓而浓，切勿做作生造，故弄媚姿。苏轼曾言：“外枯而中膏，似淡而实美”。“淡”不是淡而无味，淡是浓的另一种形式，或者亦可称之谓“隐浓”。“萧散简远，妙在笔墨之外”，其品味常在“咸酸之外”。

七是“得意忘象”。“意”在玉雕艺术作品中所占的地位始终是头等重要的。中国艺术从古至今都在不辍的追求着“意”。艺术精神中所说之“得意”，既包括诗文中的意义思想，而又有远大于诗文中意义思想的“意”。如唐代诗人李白的“人生在世不称意，明朝散发弄扁舟”，这里的“意”是指惬意。苏轼说：“观士人画如阅天下马，取其意气所到”，这里的“意”是指神态。明末哲学家王夫之讲：“寄意在有无之间，忼慨之间多蕴藉”。此“意”又是指的理。清代书画家郑板桥《题画》中“盖师其意不在迹象间也”。句中之“意”又成了一种精神。尽管“意”在各种不同的上下文中所显示的所指不同，“意”却非要不可，不能没有的。玉雕艺术要表现的就是这个“意”。凡能从无意中见出“意”来，无论所指是意义、意念、精神、丰姿……都能给人以无穷的艺术回味。故古人云：“意远而笔长”得意而忘象。

玉雕艺术创作总是要先得其理，后施其艺，尽量拓展形式和形象的外延和内涵，乃至将“形”引向极致——有形中寓无形，有限中见无限，瞬间即永恒，从而构成穿越时空、意蕴荡漾的艺术灵境。中国艺术观是以代表着礼乐文化的儒家思想为中心的，而中国传统的艺术精神则是道、佛互渗，庄、禅互渗凝聚而成的。传统艺术观和艺术精神这两大系列的相互作用，有其文化的和民族的必然性在内。应该说一切艺术创造皆得力于道禅境界，从世俗世界或现实时空的超越中登上艺术观察的制高点，进入律动的大自然、大宇宙，用心灵体验最高艺术境界。

THE METAPHOR AND RANGE OF JADE CARVING

玉雕语言的隐寓与弹性

文 / 杨大钊

由于玉石雕刻是以自身的实体为存在基础的，这种实体的三维性，往往被人们误解为是表现真实生活中实体的最完美的语言，因而用它来叙说真实的故事，以表现较为明确的内容。然而，玉雕的语言功能并非在于此。玉雕从广义上说，是一种立体造型活动，也就是一种以形体始，又以形体终的艺术实践，在创作者和欣赏者二方向均是如此。笔者认为这种活动的功用与价值，并不在于它所产生的形体真实与否，而是形体所包含的隐寓深浅与语言的弹性程度。所谓隐寓是指玉雕自身形体内的潜在内涵，它包括精神、观念、象征性和唤起性，它是形体内部的力，体块和空间感所共同作用而产生的特性，往往是无法用语言表达的一种会意。弹性是指随着时间和观者心理的变化，作品产生的促发力和感染力的延展空间的大小。它是作品、观者、时间相联系的结果。

玉雕作品是以纯粹形态为语言的，它不可能像电影、电视、戏剧、绘画那样，能给观众展示气势、时间、空间环境都真实完整的事件或情节。电影、电视、戏剧、绘画都有自己的框，

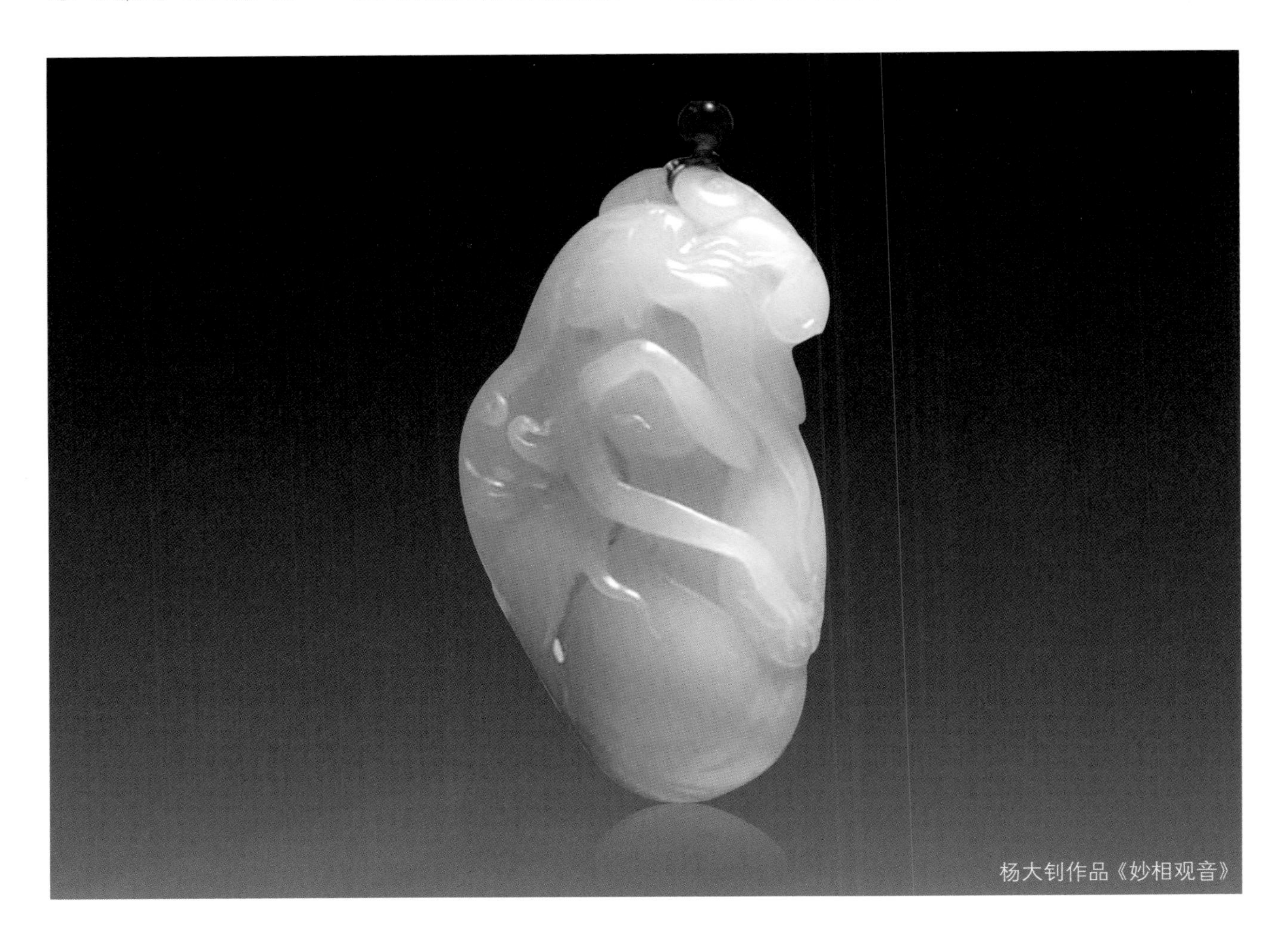

杨大钊作品《妙相观音》

都具有综合性手段，能在各自的框内制造特定的时间、空间、环境与气氛，并由这些协调的特定因素，把要表达的意念由活生生的画面传达给观众，引起观众的共鸣、回忆或联想。玉雕是赤裸的，没有那个框，它的手段也是单为它的时间、空间、环境是活动的，与玉雕冲突的。脱离了特定的时空与环境，模仿真实生活的玉雕只是一做作的动作的模型，会显得滑稽。同时表现真实的动态反而会冲淡或破坏玉雕的内涵。隐寓是通过观众的纯精神活动而发生作用，它要求作品有扫除浮华装饰的单纯，有凝结力的形态，具有比较静而深途的空间感，这是玉雕特有的条件。但为了具象目的往往会带给玉雕许多毫无意义的麻烦细部。表情和动势，造成喧哗、混乱，使人们的思维离不开常规，从而干扰作品的内在意念，导致隐寓的消失。玉雕的隐寓存在于作品的不确定性中，这种不确定有形态因素，也有内容因素。形态的超出常规的变化，使观众无法和明确的目标联系，造成一种新奇的视觉感受，而导致琢磨，引起象征性和唤起性思维。内容的深藏则能引起观众的探求欲，让观众能伴随形象开动想象的翅膀，结合自己的直观感受，得出有个性的结论。

工业文明的发展以迅雷不及掩耳之速把人类带入了所谓的后工业时代。自然的环境已悄悄地远离了我们，大家生活在一个人工化的环境之中，通过电影、电视与文学，我们都有了一个人工化的人性。知识、文化、观念、思想和生活物质一样不容选择地倾泄给我们，一切都是直接的、被动的。然而人是智能的，需要思想、精神要有寄托，这种寄托不是单一的，需要一些不明确的，能让人的精神自由升华的空间。这正好与玉雕的隐寓物性相吻合。人们已对太多的强加于自己的意念感到厌烦，要他们再来听雕刻家的说明与解释是不可能的。在这种情况下，人们需要的是能容他们有自己思索余地的雕塑。那些并非说教的，意思深潜的造型才具备这种功能。我们要改变那种由艺术家把所有的话都说出来的肤浅说法，将话转换为隐寓，深藏于形体中，给观众以发挥创造力和寻找精神安慰的机会，唤起他们深潜的意念。

玉雕语言的隐寓性，如果把一切都叙说的明白无遗，反而失去了玉雕应有内涵，显得做作，不谐调。意大利雕塑家米开朗基罗的《大卫》的成功之处，从现代的意义来看，在于其作品深含隐寓，所以能突破人体雕像中那种“一个人”的概念，给人以一种高尚、超脱的英雄主义精神气概。那塑造得完美绝伦的男性人体，只是产生这种隐寓的一种语言符号，从本质上看，它与马里尼单纯古拙的棒状形体

杨大钊作品《关公》

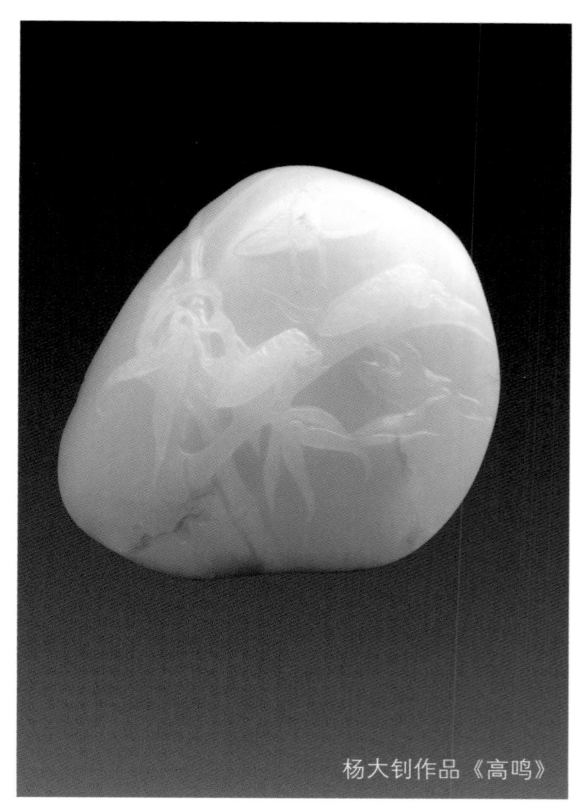

杨大钊作品《高鸣》

的“骑士”有同样意义。

玉雕语言的弹性，始终离不开隐寓，作品的恒久性取决于语言的弹性，而弹性则取决于作品的隐寓和表现力。玉雕作品靠实体形态说话，表现力、寓意、唤起力产生于各类材质的玉石之中。这些自然物质，从常规概念来看，是一种普通的、不含精神意义的物质。但一转换为艺术形态，性质就不一样，它就脱离了常规的物质性而成为一种人类感情的寄托物，它就与人的智慧联系在一起，也就有了可思维的空间——弹性。这种弹性的强弱与人工雕琢程度也发生关系。过分的雕琢会给这些已超脱常规的物质带来新的限制，推动作为艺术作品所具有的那样神秘与超脱性，失去表现力而失去弹性。玉雕作品如果进入一种完全具体，脱不开常规视觉经验的境地，那就会丧失形体的内力和超脱意念，而成为一种明确、简单化的意念的代言物，从而丧失弹性，以至被时间淘汰。

杨大钊作品《藏》

人的意识随时间不断变化，而玉雕本身是不变的。雕塑因形体、空间所含有的不确定内涵，神秘因素而不断产生促发性，与人的不断变化的意识相适应。这是弹性的作用，这种弹性的容量决定着玉雕作品的永恒性。人们的视觉经验是，越是单纯、凝结的形体，可思的空间越大；越是能减少与人们日常熟悉形态联系的形，越易产生神秘性，可观赏的层次也越多，可释的范围也越广。

唐宋时代的佛像从写实观念上说，各方者要超过南北朝时期的佛像，但反因与世俗联系过多而失去神秘性，可思空间更窄，在力度、精神的超脱方面而不如后者。这并不是一种崇古思潮或神秘学说，而是因为有智慧的人类总是在探求更深刻的精神境地，是人类的一种探求欲的使然。

今天，生活中已很少有什么神秘的东西，现代科学的发达，连人的生命都能通过试管给予制造。但人的精神还是需要有一种神秘性或虚无作为补偿，何况死亡，人类这最大的恐慌还仍然存在，而且还处于一种无能为力的状态。正是由于人类对死亡的恐惧，才产生了一系列带有神秘色彩的自慰活动——图腾崇拜、迷信与宗教活动。虽然在科学的光照下，旧的图腾、迷信与宗教已在现代人的精神中消失了，但与死亡相关的痛苦、暴力、孤独、破坏欲等等会导致新的虚无与神秘感。虚无、恍惚、恐慌、失望、镇静和安慰等情感却变成了一种纯个体的体验。因此，人们会拒绝那些把观众当小学生的作品和以共性、体现观念为解释目标的作品，而需要那些作者意念潜在，有思索与观赏空间的作品，设些没有明确限制性内容可容观赏者的精神恍惚游动的形态、空间——内在力强的作品，那些具有深刻隐寓和语言弹性的作品。

ERA OF ORIGINALITY

创意时代

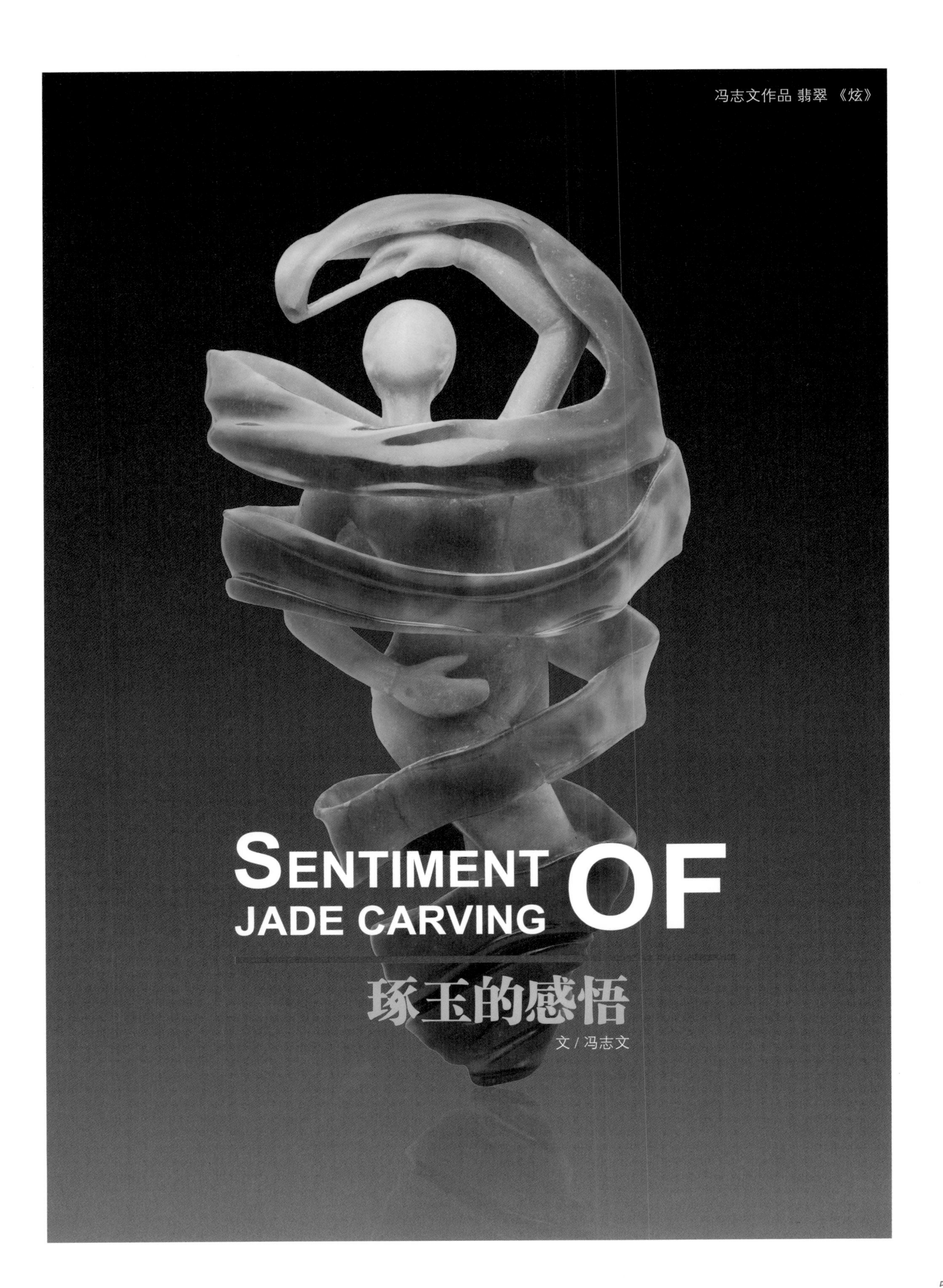

冯志文作品 翡翠 《炫》

SENTIMENT OF JADE CARVING

琢玉的感悟

文 / 冯志文

前几年，有一位业内的朋友，心急火燎地找到我，看他急得像要跳楼样，原来是借钱买下了一块翡翠毛料想赌一把，不料擦开外皮只见几缕瓜绿色，多处地方又有裂纹，按原设想开料做手镯、做挂件，满打满算也值不到原价的 1/3，所以他如此心急如焚。一边安慰他，一边接过料来细细端详，心思想，做不了手镯、挂件，可以做别的何尝不是个出路。于是根据料的情况构思设计起来，那淡淡的瓜绿色可以雕成几只青壳螃蟹，内皮的那抹鹅黄色恰似一根缠绕着的麻绳，做缕空的蟹笼就可顺势去掉了散布的裂纹是再合适不过了。构思设计明析确定后，当即下刀去裂出形，雕刀慢慢深入进缕空的蟹笼里时，只见玉心处竟出现如鸡蛋大小的红色，我不自主地惊呼起来“啊！爆红！”按一般翠料生色的规律，翡红通常是在皮壳下玉肉的表层，源于外界氧化铁的渗入，在玉心中出现“爆红”是我从艺琢玉多年来第一次遇见，历史上有绿皮红瓤的翡翠西瓜我没见过，现在让我遇上了玉心爆红，正是大自然的神奇，不可思议想象的造化，也是最迷人的地方。于是蟹笼中间又多出一只水红灵动，晶莹通透的小螃蟹。整件活完成后，这位要死要活的同行看到原来要他命的料已变成件精美绝伦的艺术作品时，止泣为笑，激动得不知如何感谢才好，

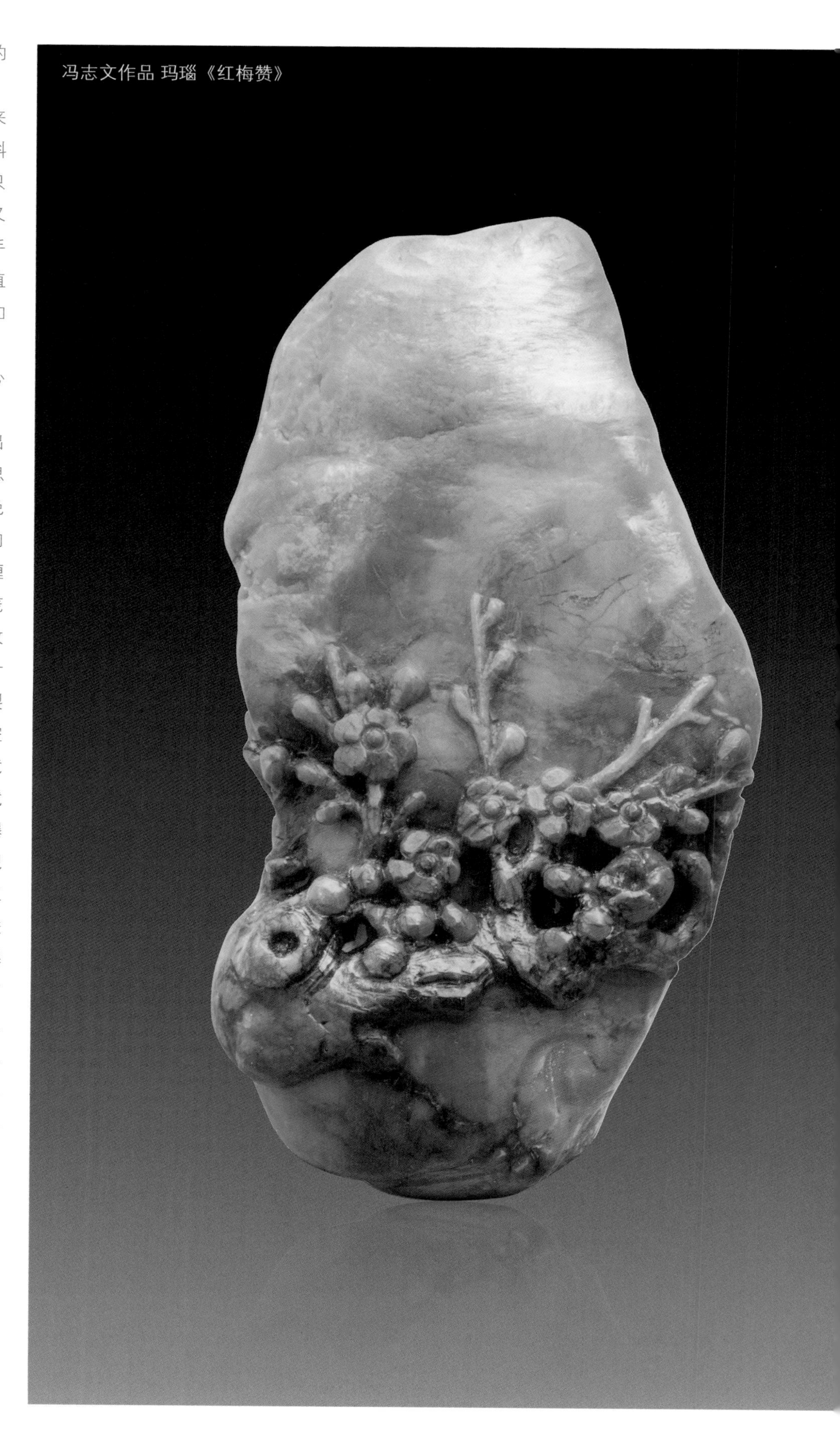
冯志文作品 玛瑙《红梅赞》

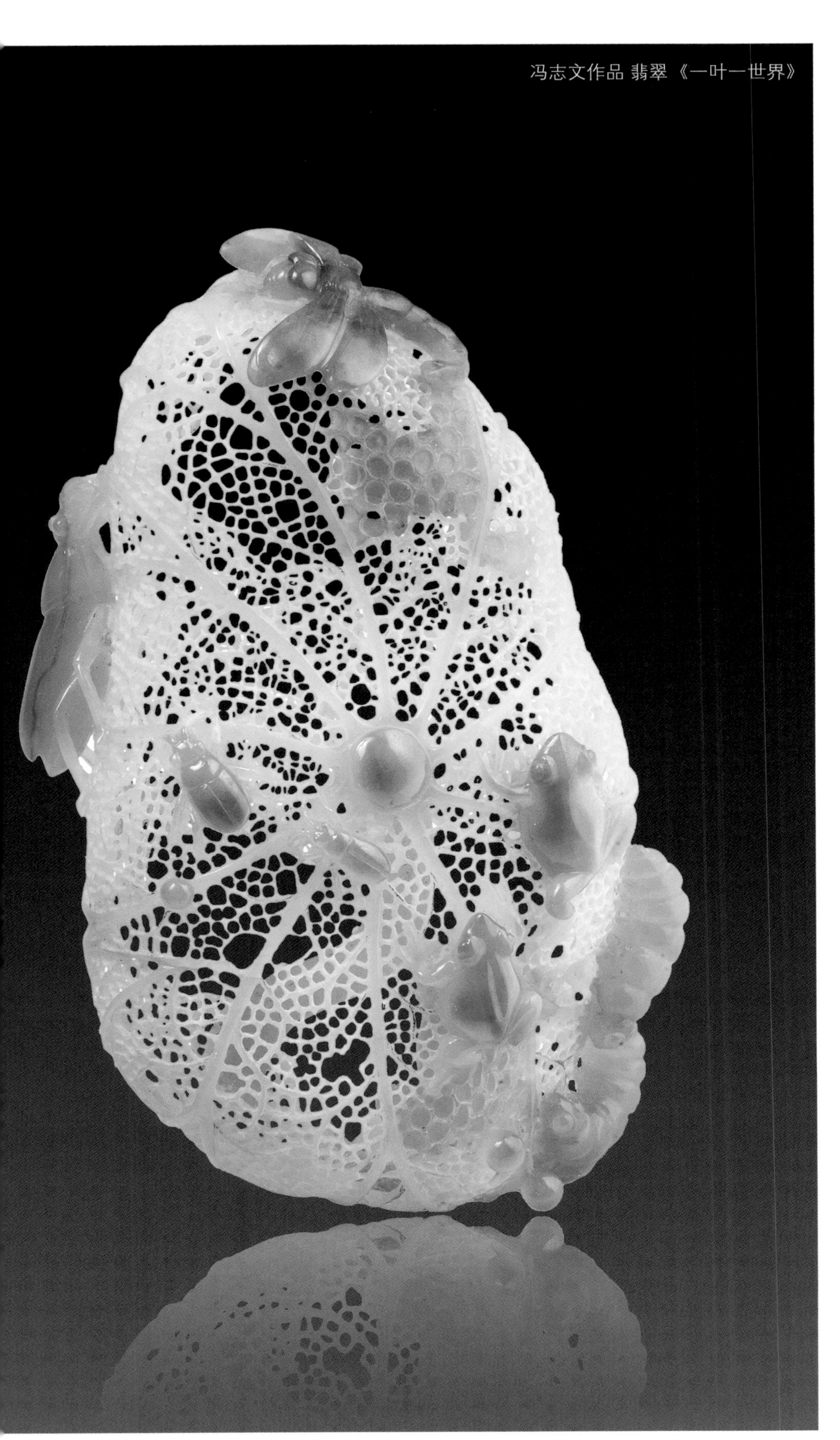
冯志文作品 翡翠《一叶一世界》

只是频频夸我高手，妙手回春。随后此件作品被一位收藏家高价收藏。

其实，我也没有扁鹊能治百病，能起死回生的本事，只不过比别人能从不同角度去思考些而已。玉石天生各有特色，也有其缺，不适合做这，也许合适做那，不能强求一致，非得取其短来设计，如此会碰壁，这里的关键是要读懂所用玉料，因材施艺，巧用石料，只有相懂原料，才能正确地较好地设计构思，才能将石料最美的一面展示于人间。

如此之类的故事很多。有一次到缅甸瓦城去买毛料，在一家玉石商行里相中一块30千克重的翠料，此料白沙皮下泛出淡淡的绿色，据经验，该料石质细腻，种质不错，约定隔日再谈价钱，谁知第二天去，料已被云南一位买家买走。几个月后，在深圳一朋友处见到这块石料的照片，追问之下，得知此料转卖给了深圳的玉商，深圳玉商又转卖给了一位香港商人，我即转去香港求此石料，却被港商回绝，无奈只得留下电话告辞。几天后，接到持料港商的电话邀请去谈，看到石皮已被磨开两处，一处露出绿中带黑的肉，一处微微泛红也渗出点点黑斑，赌石遇到了黑斑，玉商们都会丧气。这会香港商人真的赌输了，什么也做不成，一筹莫展的他不得不低于原价的50%转让给了我。

冯志文作品 翡翠《石惊馗现》

得手此料的多多瑕疵与毛病是否会成我买来的烫手山芋！面对缺陷较多的玉料，使我饭食不香，日思夜想，苦苦构思了一个多月还不得要领，构不出理想的方案。一天晚上，实在想得无法入睡，便到街边小店去吃夜宵，心里还在思索，如果按照香港玉商的思路来处理这块玉料，可以肯定要输得更惨，就在这时，点菜牌上"田鸡粥"三字映入眼帘，给我一机灵，顿时触发了灵感来了方案，兴奋得高喊"有了"！便起身扭头一路狂奔回家，马上在此料上勾画出灵感所到的图样，思路一通，一通百通，强烈的创作欲望，动手激情使我兴奋不已，一连几天数夜没有合眼，很快一气呵成了"刘海戏金蟾"的雏形，随着料皮的退去，此料显出种质的优良，冰晶温润，整体呈翠绿色却又交织含有红、白、黄、黑等不同的天然色块，它正是我施展"俏雕"的绝佳材料。作品基本保留原状，类似山子雕式样，让仙人刘海和金蟾随着自然的色彩，自然形态进行布局，显出自然的天趣而不显人为的做作。你们可以看到我巧用了其色，那仙人刘海带笑的面庞上飞扬着几绺黑发，手执一串棕黄色的金钱；翠绿色的金蟾正生动地跃起，背上鼓起斑斑黑点仿佛正在搏动，其肌理显得格外逼真、传神，身后还有一只翡红的蝙蝠在飞翔，自然分布在料上的色块，正确设计布局在刘海和金蟾上面，使之成为一件充满生活气息的艺术精品，真是有道"千金难买无瑕玉"。此处被别人看做毛病瑕疵和缺点的色块，却成为此件作品的画龙点睛之处，让人欣赏，格外亮眼。果不然，作品刚收工完活即被一位新加坡的收藏家收藏。

我认为材料上的颜色是天然形成，自然赐予，也正因自然赐予，就形成每块石料的相同共性和各不相同的个性，这个性是唯一性的个性，也即是我们施展俏雕巧用其色的最理想材料。正确运用，恰到好处，会使作品

冯志文作品 翡翠《苹果》

天趣横溢，内容表达更为精彩，可使作品成为一件无法复制天下唯一的绝品，我想这也应是雕琢翡翠作品的最高的理想境界。很多同行相石走眼，判断失误，多般是没有抓住此料的个性，设计思路与此料不对头，如此就不能正确地发挥个性特色扬长避短，就大千世界的色彩来说，浩瀚无际的宇宙也都有各种颜色构成，颜色显现的色彩没有好看难看、高贵、低俗之分，颜色的色相，相对或近似，互为补充，互为相托，有红就有绿，有黑就有白，只不过颜色的色彩在不同环境中，不同的时空里给人的感官刺激呈现出感觉不同。感觉则是人为的，在色彩学里，我们知道，绿色表示生命，朝气；红色：亢奋激情，刺激警号；蓝色为安宁，平和；而似蓝又红的紫色有梦幻迷恋的感觉；黑色庄严肃穆；白色素雅纯洁；黄色高尚名贵等等。每年都会有流行色，流行色也不是单一种纯色，而是以此为主调的复合色。问题是天然形成的翡翠原石不可能以人为的意志去长颜色，去分布颜色，我们追求的，想收罗的这些高档颜色的原料，在采出地越来越稀少，那么那些极大部分的杂色料就堆积在我们面前，它们也都是老天创造留给我们的财富，如何利用俏雕工艺技术来巧用，也是我们雕刻设计工作中的重要课题，探索、实践使我认识到瑕色或一些缺陷，只要恰如其分地巧妙利用，它们就可能成为点眼之色，妙趣横生的俏作。为此，我在努力、在追求、在摸索，让自己的作品能别开生面，与时俱进，推陈出新，因此对待翡翠的颜色尤其是认为瑕色杂色，我不会不屑一顾，厚此薄彼，恰恰是这些瑕疵、杂色或毛病，反而能成为我创作构思的灵感和无穷无尽想象发挥的空间。

“风采依然”这件作品原石黄加绿又杂有棕色、紫色和黑色，颜色繁复，我将它雕成一只海蜗牛，其背上的螺壳有这些颜色，好似老蜗牛壳上长出斑驳的青苔，蠕动着黑杂色的肉身，夸张地伸扬出几根触角，老五彩的玉料就变成件很有味道的动物小件，在中国收藏家喜爱的工艺美术大师和精英评选活动中荣获金奖；富贵牡丹，绿叶配，俏枝头上落金蝶，题为“国色天香”的作品，荣获中国玉器百花奖银奖；《慧眼静观》——穿黄袍素衣，身挂翠绿念珠，面容表情坚毅无畏，眉宇之间翠绿眼睛清翠静亮，洞察大千世界，荣获中国工艺美术文化创意奖金奖；一块小小黄皮料，推掉部分表皮，内肉是黑色，我顺手就将黑肉雕成怒目睁眼正在呵斥小鬼的钟馗头脸，其余石皮照旧保留，使我们感到虚幻中地狱判官钟馗的威严，较好地表现出民间神鬼故事中人物的精神面貌，起名《石惊馗现》。

玉雕技艺可以追溯到7000年以前的石器时代，此后朝代的变更，时代的迁移，科学技术的进步，都促进了玉雕技术有所发展，我们的玉石文化也是在不断继承中得到不断发展，有继续、有发展才能使传统的玉文化永远光彩夺目。

二十多年前进入玉器加工厂，学技术做玉器，成为一名玉雕工作者。那时每当看到师傅将一块石头变成一件艺术品时很是羡慕不已，于是下决心好好地学习，认真地将传统琢玉技艺学到手，然而成年累月的照葫芦画瓢，以使我感到不满足。市场上更多的需求使玉器行业得以繁荣，从而也使更多的雕刻艺人去追求商业利润。由此形成了较多的继承有余，发展创新不多的商品，很多雕刻艺人只是死做、死刻，不敢越雷池一步，一味地去迎合市场，使玉器气息陈旧，不利于玉石文化发展，然“一图一吉祥”的传统确是中国传统文化中的精髓，因而也必须得到继承。

在传统工艺美术行业中还有竹雕、木刻、泥雕、石刻等等，诸如此类的雕刻各有春秋，它们的材料运用，构图技法，雕刻技艺都能成为我们琢玉方面非常有用的借鉴与参考。多年来，我坚持博采众家之长，也应用现代雕塑理念并与传统工艺技术相结合，探索玉雕新题材的创作，如《削皮的苹果》、《炫》、《红梅赞》即是我的探讨。从题材讲，这是日常生活中极普通的一个情节，并非传统题材，利用原石的球形和表面的红翡，内肉的白色，非常写实地雕削的红皮还没有掉的苹果，应用大家熟视无睹的题材，达到别开生面的艺术效果。死学、死做、不敢迈步不是我的创作态度。中国画大师齐白石先生曾经说过：“学我者死”。大师是对他的学生说的，意思是说：我画虾，你们也画虾，作为学生能超过我吗？我觉得中国玉石文化发展数千年，也都是后浪推前浪，不断青出于蓝的结果，我们这代人只有敢于青出蓝，传统玉雕才会有与时俱进的发展，今后我会继续不断地探索，不断创新，努力争取达到自定的奋斗目标。

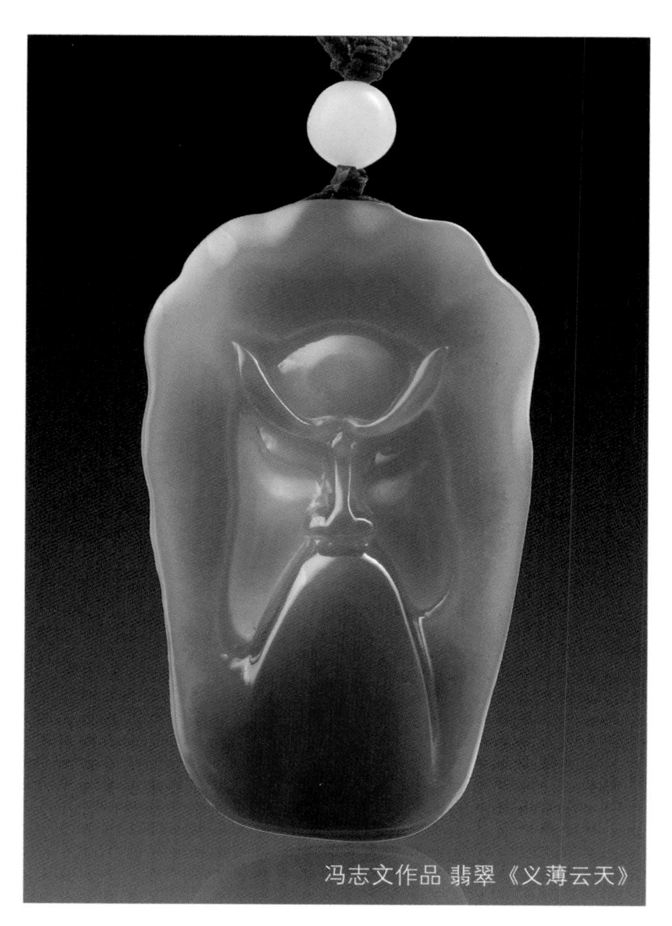
冯志文作品 翡翠《义薄云天》

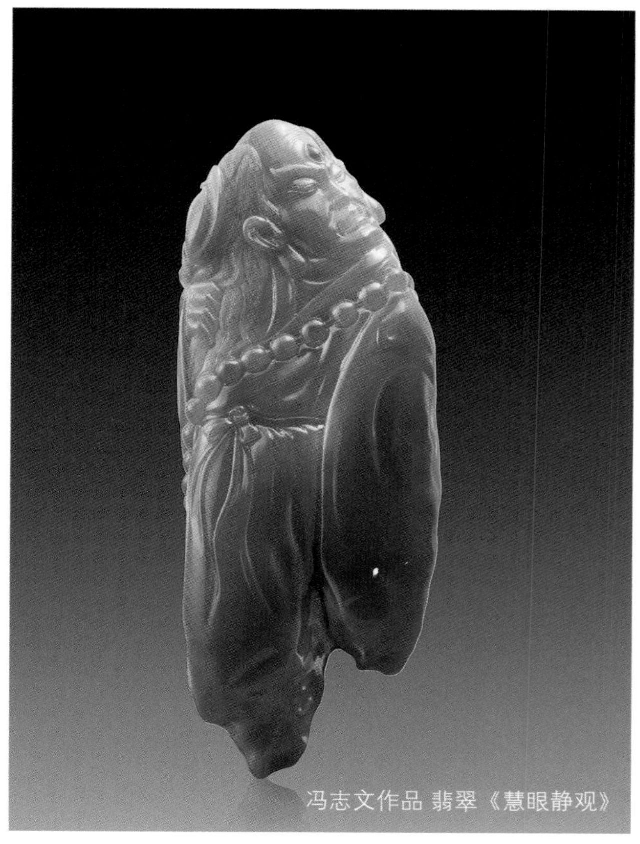
冯志文作品 翡翠《慧眼静观》

玉石天性又硬又脆，一般忌讳薄、透、悬、空的做法。已故玉雕老前辈潘秉衡先生，突破常规雕成了薄壁如纸的香炉、香薰，并在薄壁上刻画出圆润柔美的纹饰，堪称一绝。我也尝试着做一些作品，如“秋叶”，枯干焦黄的落叶只留下了叶子的脉络，曲卷成兜，细细的经脉犹如一个小小的网兜，上面还结着蜘蛛网，喜蛛趴在中央。经数月的工作，终于雕缕成形，眼见即将完工之时，不小心，此件破断成两半，，一招不慎，满盘皆输，让我非常郁闷，有失败就有成功，失败是成功之母。当然我也不死心，又找了一块类似的料接着闯，大胆下刀，细心收拾，功夫不负有心人，纤细网状叶脉雕成了，卷曲的叶上结着蛛网也缕刻成功。在这小天地里，停着巧色的蜻蜓，爬着甲壳虫，两条白色的小虫正蠕着身体，往里钻向外拱，边上的小蛙正等着，生气勃勃。此件《一叶一世界》获广东省传统工艺美术精品大展金奖，中国传统工艺美术精品大展铜奖，2008年中国玉器百花奖最佳工艺奖。

对传统玉雕工艺技术上禁止的突破，使我更加有信心去攀登创新方面的高峰。那件破成两半的作品没有丢掉，认真地给它起了个名“成功之母”，同样放置在展柜里，让我看让大家看，作为失败的纪念，可以时时提示与警示，雕刻既要大胆，更得要细心。作品《花好月圆》翡翠小摆，在2009年度荣获中国玉器百花奖金奖，作品刻画出一轮初升起明亮的圆月，鲜花盛开，舒展着纤薄娇美的花瓣，一只蝈蝈蹲在叶上鸣唱，赞美秋硕之歌。此件作品虽小，但运用了圆雕、高低浮雕、透雕、缕雕等琢刻手段，仔细地表现秋高气爽，喜庆丰收的美景，薄、透、悬、空的雕琢处理使作品更加精美。

中国画大师齐白石先生的画永远是我学习的典范，他的画收放自如，粗细有致，细之极精，画面豪迈奔放，生气勃勃，远望近看都能品味情趣，这对我的创作设计构思都有极好的启发，前面的《一叶一世界》作品是种繁缛精细刻画方式。据材料的情况也可用现代雕塑形式作简约的构图。作品《金狐狸》只是数刀简练的处理方式同样能使所描绘的物象栩栩如生。这方式 我还试着雕刻了另外些作品，有件《关公脸》的小挂件，获中国艺术文化创意银奖，是用别人丢弃的料所做。在参加广西收藏展览时引起了那里玩家们的浓厚兴趣，此件在他们手中传递把玩，个个都显出爱不释手，其实我就是利用原石的形状和红皮，几刀入肉琢出关公的脸，额头上留点浅浅的红皮谓“鸿运当头”，眉毛、鼻子、胡须均为原状原色，就这样一块弃石变成件艺术品给人带来了愉悦。

世上的翡翠原料并不是取之不尽用之不竭的东西，它已趋向资源枯竭，这是不争的事实，上好的料越来越稀少，极大部分是不被看好的，这也是造物主留给我们的一种财富，利用好这些普通原料，让其物尽其用，让它在我们手中通过设计雕琢成为一件光彩夺目的艺术作品中，也是天赐的职责，这是老天给我们玉雕工作者的挑战。我接受了这一挑战，就用那些被别人不屑一顾、相不中、被称为废料的石料进行创作探索，然这些个个都有强烈个性特色的石料，成就了我的许多设计构思的梦想。每块石料同人一样，有长有短，问题是要了解它，扬长避短，那就能出好作品，我同石料的交流如同读天书，细细地品，慢慢地读，读懂了，悟明白了，刻成作品就能感人。

在商品市场上，我们的作品要有商品性，但又不唯商品性，商品性也要艺术性来支撑，没有艺术性的商品是无生命力的商品，有艺术性商品才会有更好的商品性，玉雕作品就需要我们冷静正确地对待这二性，正确处理，不要将千载难逢的石料留下遗憾。

琢玉的过程，实际上玉也在磨人。我们劳作使玉成器，使无言的玉石得到有言地升华，然磨玉时也在培养我们的性格，锻炼我们的能力，让我们成为有玉德的人，有耐心，有坚强意志的人。总之，每块玉料都有其美丽的一面，相玉、读玉，读懂其美丽所在，进行设计时扬其美丽，随其形雕琢，巧用其色，掩饰其瑕疵与缺陷，那么经过几天，几个月甚至几年的耐心打造，定会妙刀生花。

“玉不琢不成器，人不磨不成道，玉虽美，而必待琢之以成，人性因善而必导之以学”。中国古老的玉文化光辉灿烂，博大精深，古人留下的遗产，今人必将继承与发展，发展是我们这代人责无旁贷的责任。我是其中的一员，为玉雕行业决心继续努力探索、进取，为之不停添砖加瓦。

冯志文作品 《蛙鸣九重天》

冯志文作品 《国色天香》

吕德作品《江山多娇》

CREATIVE IDEAS OF JADE CARING DESIGN

玉雕设计的创作构思

文/吕德

一块如同顽石一般的璞玉，通过玉雕师精心的雕琢，创作出具有生命力的作品来，从而引人无限的遐思，给人一种美的感受，这就是玉雕艺术的魅力。

然而一件优秀玉雕作品的创作成功，决不是一蹴而就。它除了需要遇到一块可塑性很强的原石之外，更重要是作品创作过程中的思维，这必须要求作者具备一定的艺术修养和创作功力。

作为雕刻艺术创作的思维活动，是一个系统的整体的思维过程，是多元的、多层次的，且贯穿创作的全过程。玉雕创作的思维活动依据其特性和功能大致可分为直觉、想象、定向、情感、冷却等几个层次。这几个层次的功能在创作中有时有所侧重，有时先后有序，有时同步而行，有时相互交错，均依据不同的创作境遇和创作情思而定。

其一为直觉思维。艺术的直觉是以客观存在的直观形象为起点，触动艺术家创作思维的触角。在生活中，某些事物的鲜明、奇异、生动的特点像闪电一样，给作者的神经和心灵以强烈的震动，使之产生一种不可遏制的创作冲动。一块块璞玉原石，是玉龙喀什河孕育的精灵，这些和田玉的母亲河中的玉料来自昆仑山脉，经风吹雨打，日月锤炼，终聚天地之精华，集山川之灵气。这些玉料如落入农妇村姑，牧民村夫之手，往往如瓦砾般抛之，但一经玉雕师之手却可能成为不朽之作。

玉雕艺术品融自然美与艺术美为一炉，化腐朽为神奇，既有具体的大胆夸张，又有抽象的写意神韵。艺术家在挑选要加工的玉料时，不是每块都可以应用，也不是每块都可以马上确定能加工什么。而更多的玉雕要通过作者苦思冥想，得出一种或几种方案，然后选择最佳方案进行加工，有时在加工过程中又要改变初衷或暂停后再思考。然而也有这样一种现象，当你偶然看到一块玉料，就像触电似的，给你以心灵的颤动，使您的心眼刹时被一种具体的意景所占领，玉料的一切伪装似乎立即被剥去，呈现在眼前的是一幅活生生的图画。正像小说家福楼拜说：“艺术直觉，的确类似将醒将睡时的幻觉——由于它刹那性的特征——它经过你的眼前——你这时就该贪婪地扑过去。”艺术直觉在玉雕创作思维活动中占了很重要的作用。高尔基曾经说过：“艺术直觉产生于贮存的印象。”当艺术家在刹那间抓取事物那闪光的形象时，他已将长期以来积累下来的创作经验、形象积淀、直观感觉、灵感顿悟等诸要素在极短的时间内熔于一炉了。

美学家朱光潜也说过：“如果一件事你觉得美，它一定能在心眼中现出一种具体的境界，或是新鲜的图画，而这种境界或图画必定在刹

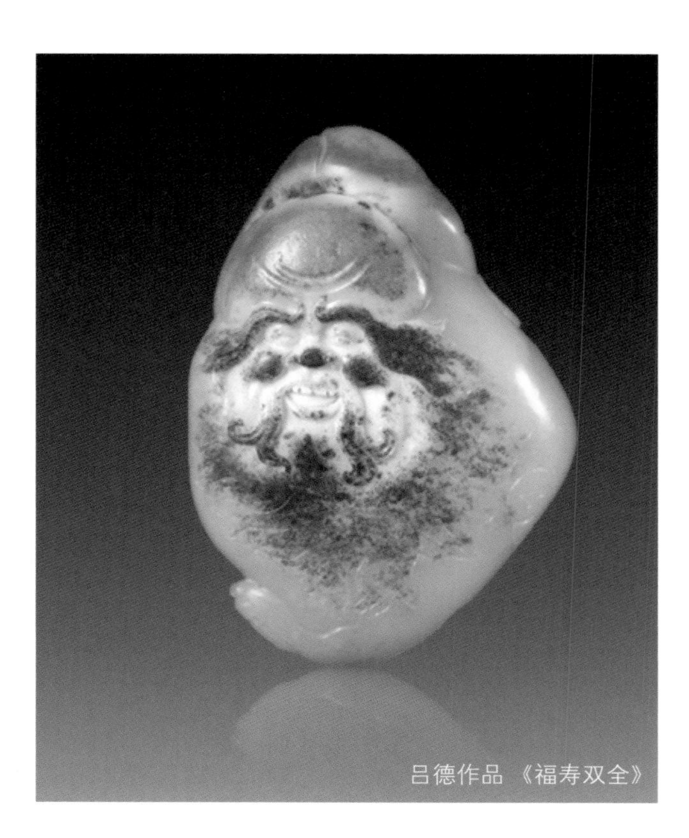

吕德作品《福寿双全》

吕德作品《神算子》

时中霸占住你的全部意识，使你聚精会神地观察它、领导它，以至于把它以外的其他事物都暂忘去，这种经验就是艺术直觉。”

在玉雕艺术创作过程中，如果玉料在你第一眼望去，就迅速输送至你的脑际，产生某种具象，你对它即产生一种似曾相识或久别重逢的亲切感，立即在你的心灵中产生强烈的共鸣和创作欲望，那这种创作就一定能成功，并起到事半功倍的奇异效果。

其二为想象思维。在玉雕艺术创作中，需要翱翔想象的翅膀，想象思维是一种重要的心理机能。想象思维为主包括联想和创造性想象。联想的一般形态为由彼种创作形式受到启发，而产生联想并采纳和发挥。这种现象在玉雕创作中是经常遇到的。玉料形态相近，可以创作与别人近似的作品，比如某艺术家的一件优秀作品，在其创作之后，他自己或别人可能均会受此项创作成功的启发，继而创作了类似的作品，这些作品不一定都像这件作品，而是由此及彼，触类旁通，甚至制出更好的作品来。现在玉雕艺术创作中某些类似的作品，都带有联想创作的性质。但这种创作算是想象思维中的一种，它含有作者自己思维的过程，有别于单纯的模仿。

另一类想象思维为创造性想象，创作者的想象力

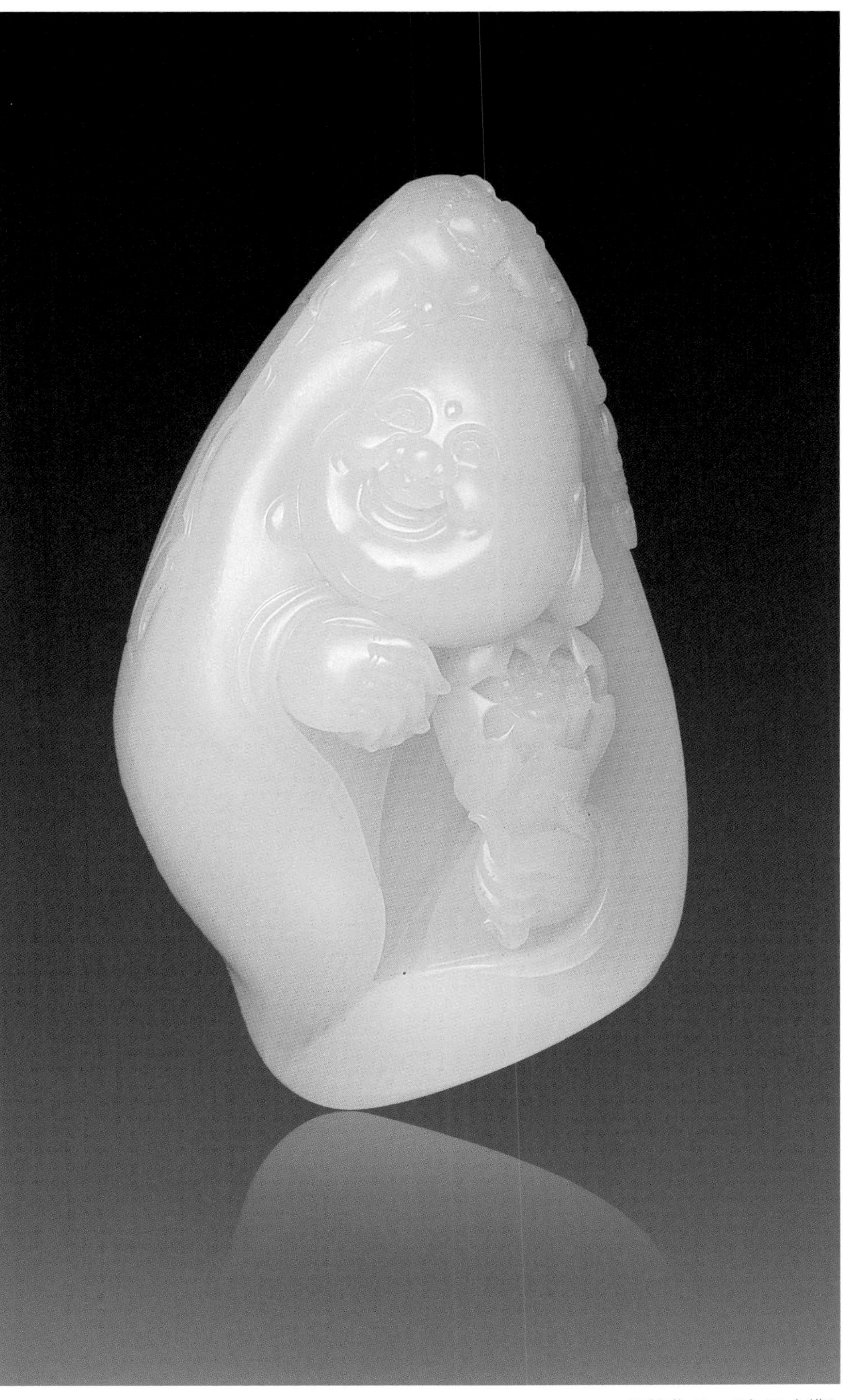

吕德作品 《童子戏佛》

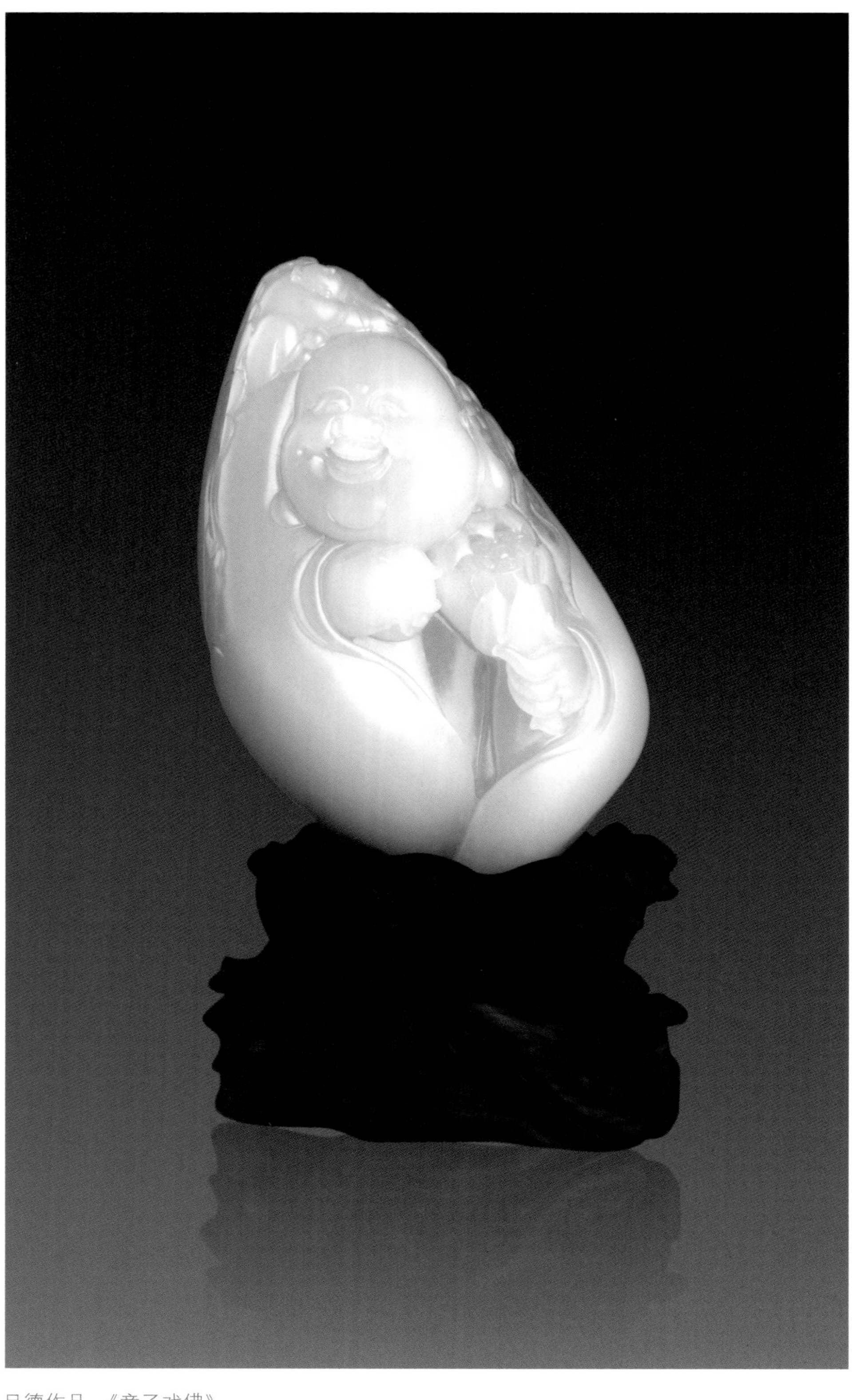
吕德作品 《童子戏佛》

像脱缰的野马，神游万仞，超然物外，他的思绪不受任何限制，在众多的玉料中搜索、追寻、捕捉。每块玉料或某块玉料的裂、沁、皮色在他眼前浮来晃去，就像儿时仰首观赏夕阳西下时那五彩缤纷、刹间多变的风云，一会儿像飞龙翻滚，一会儿似灵猴嬉闹，一会儿如窈窕淑女，一会儿若关羽夜读。那种变幻给了你无限的想象空间，让你随意捕捉，尽情遐想。在创作的想象过程中，各种形象可以自觉、自由地加以调整，当发现某种想象结果不够恰当时，完全可以通过再想象加以改变，最后确定一个最佳创作方案。在想象思维的过程中，也往往出现这样一种情况，就是苦思冥想不得其门，找不到线索和道路，只好作罢，放在那儿，时而观察。然而不知怎么回事，它突然来了，好像黑夜突然见到光明，一个形象立刻呈现眼前，一种方案也即刻形成，真叫你惊喜万分，这是想象思维过程中的灵感突发。美学家朱光潜说："灵感就是在潜意识中酝酿成的情思猛然涌现于意识。"灵感的现象讲怪不怪，这就是创作者由于长期的生活积累，各种具象已超越想象早已在他心中凝聚，在某种特定时候爆发出来。

记得在若干年前，我曾经遇到过一块黄沁的原料，原料表面下部判断有黑脏沁入内部，但玉料又非常的细腻，总觉得是块好材料，所以买下，可是打开后，果然在下端黑脏已经完全沁入，仿佛如猕猴桃一般，犹如废料。思来想去，既想雕这，又想雕那，又觉这些设想均不够完善，无法达到化腐朽为神奇的力量，故不敢随意雕刻，一直放在身边半年之久。在我创作其他作品时，时时瞄它，并加以思索。突然有一天，我发觉这块玉料似乎在我眼前动了起来，总感有生命存在。我心中一震，真是灵感突现，可谓“众里寻他千百度，蓦然回首，那人却在灯火阑珊处”。我利用里面的黑沁巧雕了一个毛笔的笔头和铜钱，雕刻了一个神算子，作品所展现的魅力，连自己都沉醉不已。

吕德作品《十八罗汉念珠》

在玉雕创作思维过程中，想象思维与直觉思维各司其职，互相补充，而灵感则渗透其中，艺术直觉的结果也常常是触发灵感的契机，艺术想象过程也会猛然涌出灵感。

其三为定向思维。在玉雕艺术创作中，创作者有时已经为自己下一步的创作有一个初步的轮廓，有时创作者在学习和翻阅美术作品或摄影作品时，受其中的画面、布局、动态、表情所感染，产生了移植玉雕的强烈欲望，为此就会锲而不舍地寻找适合塑造自己心中所追求的艺术形象所需要的玉料。在观察玉料和进行创作思维时，目标只有一个，十分明确，这就是创作的定向思维。

有一种定向思维往往会有一种既定的创作方案存于心中，甚至连创作的对象动态，玉料的基本形态等都似乎考虑好了，只等着适合的玉料出现。我曾设想雕刻一件《西施浣纱》作品，脑子里构思的形态很美好，然而几年了，却找不到那种理想的材料，这一直成为我心中的一个结。

另一种定向思维却灵活得多，它只是在创作目标上有所偏重，而创作的设想却有待找到玉料后再进一步构思。

有的创作者优势于动物的雕刻，在挑选材料时，为主选择适应制作动物的玉料。有的创作者偏重于人物，在挑选材料时，就注意寻找适合人物雕刻的玉料，以此类推，这是在选料方面的定向思维。

其四为情感思维。丰富的情感在创作思维过程中是十分重要的，只要创作者有着强烈的情感，他所创作出来的作品才富有活力。无论是直觉、想象、定向、冷却等各层次的思维，它们都与情感思维交织在一起。雕刻艺术创作活动自始自终荡漾着激情，创作过程始终伴随着艺术的享受和创作者的自我陶醉，而不要有任务感、压抑感，不能有任何压力。

创作一件得意之作，除了觅得一块好料之外，还应有舒畅的心情和充满激情的构思过程，并将自己对作品题材的感受融入到作品中去，使作品有血有肉有情有感，力求使自己的情感通过作品布局、动态、形象、线条、取巧等作为中介物，将它传导给观者，让观者能体验到作者内心的情感世界。如果单纯地拥有一块好料，而没有创作激情，或者近期遇到烦心之事，心情不佳，从而草草入刀，如何能创出精品佳作来呢？

情感思维是可以深化艺术的直觉，触动灵感的闪现，

吕德作品 《鸿运当头》

拨动想象的翅膀，并赋予对象以生命、性格和感情，在整个创作过程中起着十分重要的作用。

其五为冷却思维。所谓冷却思维也就是在创作过程中理性思维的活动。玉雕创作和其他雕刻艺术品创作一样，需要理智的选择，冷静的分析，准确的判断，反复的思维，还应该留有回旋的余地。

玉雕创作的整体思维过程，就其特性和功能而言，包括直觉、想象、定向、情感、冷却等几个层次。这几个层次互相交错，相互促进，而冷却思维是创作活动中十分重要和必不可少的。创作活动应该充满激情，但必须防止冲动。在创作时对玉料应该取舍，留下必要的部分，去除脏裂。在取舍时既要大胆，又要冷静。有的人创作玉雕作品，根本不去考虑他创作的这件作品与玉料外形动态关系，内在情感沟通，而是追求快捷和数量，在一块玉料上随意雕个东西，草草完工，那就往往不伦不类。

有些创作者取舍玉料或雕刻过程中也会一时冲动，过后又猛然后悔，觉得如果某一部分不去除或那几刀不雕琢那就更好，如此等等，这就是冷静思考不足的缘故。

不少玉雕师十分重视雕刻前的创作构思，把玉料翻过来倒过去，认真观察，不断思索，把自己所积累的知识，不断释放出来，与玉料对照，以求融合。他们不怕浪费这段时光，甚至数月数年在所不惜，所谓“一相抵九工”，“磨刀不误砍柴工”就是如此，一旦创作方案敲定，动刀雕刻就容易多了。

还有不少玉雕师不但重视雕刻前的创作思维，而且也十分注重雕刻后的冷却思维，不求一气呵成，而求精益求精，在雕刻过程中，时而将半成品推向远方，左右端详，或抽一支烟，喝一杯茶，再细细品味，经常会灵感再现或有所顿悟，有时还会改变初衷，成就更完美的结果。不少优秀的玉雕作品出现，其作者都有同样的感受。

玉雕的创作思维活动是多方位、多元化、多层次的，它涉及方方面面知识，贯穿创作的全过程。这是我对玉雕创作思维的些许体会，望能达到抛砖引玉之目的。

SEMINAR

业内话题

WONDERFUL OF JADE CARVING

别开生面的玉雕精彩

文 / 李维翰

2013 年 9 月 24 日，由河南省珠宝玉石首饰行业协会和省财贸轻纺烟草工会共同举办的“伊源玉杯”第三届玉石雕刻技能大赛，在山川秀美的栾川拉开了帷幕，赛事历时六天，于 9 月 30 日举行了颁奖仪式。年轻的选手们以自己精湛的技艺，演绎了一场别开生面的玉雕精彩。

综观河南省第三届玉石雕刻技能大赛的全过程，在令人耳目一新的同时，不仅呈现出许多可圈可点的精彩，也引发出许多值得专业、行业、产业关注的思考。

产业发展呼唤人才成长

地处中原的河南是我国的玉雕大省，这里有悠久的玉雕工艺传统，经过了改革开放以来的 20 多年，从河南走出的玉雕技师遍布全国各个玉雕产地，几乎可以说，全国有玉雕的地方，就有河南人。河南成为当代名符其实的玉雕技师摇篮。

近年来，玉石雕刻产业大军，以每年数万计人数增加，在与经济比肩发展，满足社会审美需求的同时，如何进行专业人才的培养和培训，推进文化产业特有的艺术创新、价值创新，这一课题就显得尤为迫切和重要。

河南省举办第三届玉雕技能大赛合影

从2009年至今，河南省珠宝玉石首饰行业协会举办了三届玉石雕刻技能大赛。2009年的一届大赛举办地是新密市，所用玉石材料是“密玉”；2011年二届大赛地点设在镇平，用材为“独玉”；本次大赛选在栾川举办，使用的玉材是栾川新发现的“伊玉（伊源玉）”，大赛的举办定将对玉雕人才成长和新玉种产业发展产生积极而重要影响。

为人才成长铺路搭桥

近十年来，河南省珠宝玉石首饰行业协会在办好各项行业活动的同时，在玉雕技能的专业培养与考试方面不断进行积极的尝试，探索出了一套针对性强、行之有效、社会需要的技工培训模式。其成功的经验是积极联手政府相关的职能部门，一是与国家劳动部门实行的职工技能等级考试相结合。二是与国家劳动奖励机制相结合，共同搭起玉雕人才成长的桥梁。

比赛设定的专业知识考试、绘画考试和作品雕刻完成三个项目。专业知识的试卷就是河南省职业技能鉴定(高级)玉石雕刻工知识的统一试卷，并经过了劳动和社会保障管理部门的备案。此次参赛的选手完成全部考核内容，将视为通过了职业技能鉴定考核，获得国家工艺品雕刻工高级工的专业技术职称。

经过评委的评审，进入

评审组就比赛情况作点评

左起：河南省珠宝玉石首饰行业协会刘长秀会长、李维翰教授、密玉雕刻魏玉忠大师、中国工艺美术大师赵国安等评委在工作

部分评委、获奖选手合影

评审组在工作

决赛的选手全部通过了国家工艺品雕刻工的等级考核，获得了高级工的资格认证。据主办方介绍，该项赛事列入第四届河南省职工运动会比赛工种（项目）年度竞赛活动计划，比赛的前三名将获得省职业技术能手荣誉，获得第一名的选手还将有机会获得省五一劳动奖章。

从严考细评中培养人才

此次大赛的评审组由国内行业资深的专家、大师组成，既有来自北京、江苏的专家学者，也包括了河南省的国家级大师，具有专业的权威性和艺术的代表性。在组委会的领导下，评审组的工作规范严谨，认真细致，各位评委单独打分，对每一名参赛选手的试卷、作品都进行了考量评分，然后采取分项计分，加权平均的方法汇总得出选手的总分。公平规范的考评方法，体现了对试卷、作品以及参评作者负责的精神，表现出对参评者艺术创作的认可和尊重。

河南省第三届玉石雕刻技能大赛，可以说是一次玉雕新秀的展示，也是一次玉雕技艺交流的盛会。年轻的选手们在规定的有限时间内，以聪慧的睿智、巧妙的构思、精湛的技艺，独立设计制作完成了美轮美奂的作品，交上自己的一份合格的答卷。

赛事过后的思考

河南籍的玉雕业者是一支庞大的产业大军，从行业整合的角度进行有计划的培训很有必要。河南省每两年一次的玉石雕刻技能大赛，是培养玉雕人才的积极探索，是有效的形式与内容，是培育未来玉雕大师的摇篮。今天的年轻选手，可能就是明天的玉雕艺术大师。玉雕艺术发展的问题在于人才，行业的问题在于引领，产业的问题在于整合。

大赛给了我们许多的启示，就玉雕而言，强化专业性的培训是促进行业发展的必要手段，而行业水平的整体提高，又是对这一文化产业的形成与发展所至关重要的。迄今为止，河南省珠宝玉石首饰行业协会不仅连续 8 年成功地举办“陆子冈”杯玉雕作品的评比，连续三届成功地举办玉石雕刻技能大赛，还办好每年一度新题目的玉文化论坛。其做法值得称道与借鉴。

还有重要的一点是，河南省珠宝玉石首饰行业协会积极联合有关职能部门进行劳动技能的考试考级，把人才专业素质的培训与养成，把劳动奖励机制与玉雕专业结合起来，创造了新的工作思路和新的工作模式，这方面的做法也具有可取之处。

笔者了解到，河南省珠宝玉石首饰行业协会为了我国的玉雕事业和产业，还在积极尝试着新的探索：

——高等教育与专业技能培训相结合，走出一条新的办学之路；

玉雕车间

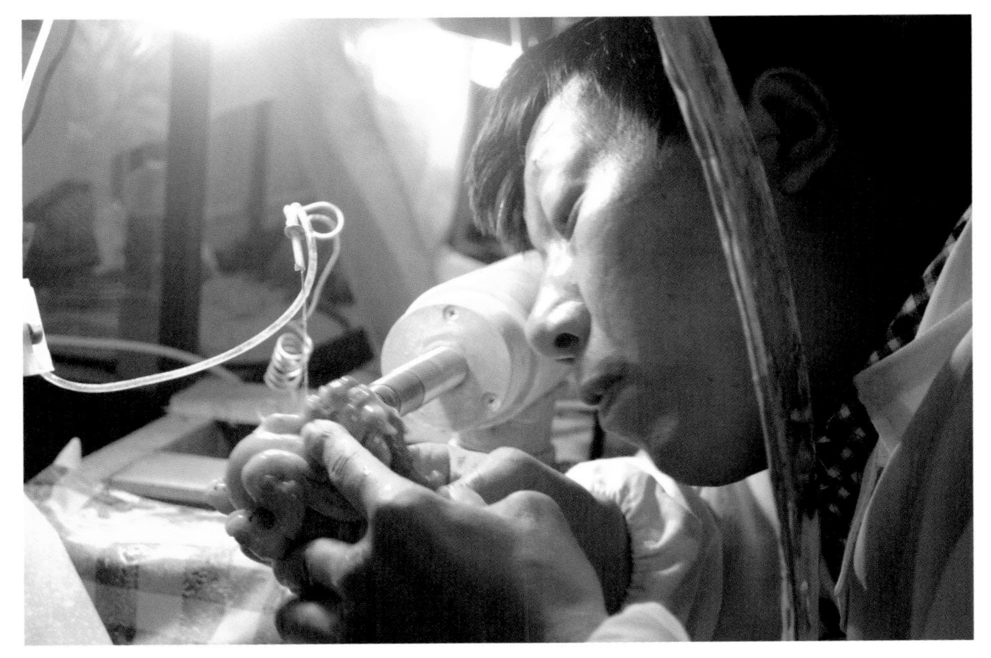

玉雕师在认真琢玉

——建立一套切实可行的长效机制，使人才的培训与技能提高落到实处；

——加强对玉石资源及其艺术创造的探讨，形成新的文化产业。

……

（本文作者为中国工艺美术学会玉文化专业委员会副会长，河南省第三届玉石雕刻技能大赛评委。）

EXPLOR THE SECRET OF JADE

探寻和田玉“家族”的秘密

文 / 岳剑民

神秘莫测的地球化学元素组合，形成了矿物岩石的千差万别。地质年代以百万年为一个时间单位，地球上的地质活动不仅受到地壳内部的影响，还受地球以外天体运动的影响。全球构造隔7度存在一个山系。地球上的所有岩石、矿物虽然千差万别，但是都是由92种化学元素和354种核素组合而成。地球上化学元素的丰度不同，所形成的矿物可以作为玉石的只是地球上岩矿极少的一部分，这也是玉石被人们珍视的主要原因之一。

根据矿物成分、岩石特征、有机与无机等几个方面综合分类，玉石可以大致分为20个“家族”，它们是和田玉（透闪石质玉，也称软玉）、硬玉、蛇纹石质玉、斜长石质玉、绿松石质玉、蛋白石质玉、石英岩质玉、硅质岩质玉、青金石质玉、叶腊石、地开石质、云母质玉、白云石、伊利石质玉、石榴石质玉、蔷薇辉石质玉、

软玉

软玉原石

绿泥石质玉、大理岩质玉、高岭石质玉、煤玉岩、珊瑚、琥珀等。

和田玉就是由不同国家和地区出产的透闪石质玉组成的“大家族”，玉雕大师们用温润的和田玉，创作出了一件件美轮美奂的艺术精品，人们在欣赏美玉的同时，也在探寻着和田玉家族鲜为人知的秘密。

一 和田玉“家族”第一个秘密：岩型不同

按照成矿规律，和田玉“家族”的成矿规律有二大成因，具体为非蛇纹岩型和蛇纹岩型。中国新疆和田玉和澳大利亚所产出的软玉属于非蛇纹岩型的，俄罗斯、加拿大、新疆玛纳斯所产出的软玉属于蛇纹岩型的。两者的区别在于非蛇纹岩型软玉成玉与中酸性岩浆岩有关，蛇纹岩型软玉成玉与超基性岩石有关。

首先，在微量元素具体表现形式为非蛇纹岩型软玉中铬、镍、钴、钛的含量极微，甚至没有。蛇纹岩型软玉中铬、镍、钴、钛的含量可高达总比例的 0.1% ～ 0.5%。

其次，含铁量上的不同，特别是氧化铁的含量不同。非蛇纹岩型软玉的氧化铁的含量小于 2%。蛇纹岩型软玉氧化铁的含量大于 2%。都随着含铁量增加，颜色变化明显。

其三，非蛇纹石质软玉不含铬尖晶石、石榴石等杂质矿物，蛇纹石质软玉，都含有铬尖晶石、石榴石等杂质矿物。

二.和田玉“家族”第二个秘密：比重不同

按照新疆和田玉地方标准分类细则：新疆和田玉分为：羊脂白玉（羊脂白玉、糖羊脂白玉）、白玉（白玉、糖白玉）、青白玉（青白玉、糖青白玉）、青玉（青玉、糖青玉、烟青玉）、黄玉、墨玉、糖玉、碧玉等 8 个类别。由于和田玉中的白玉比重在 2.922 左右，而青玉、青白玉的比重在 2.976 左右。墨玉的比重由于内部含有的石墨鳞片的比重比较小，所以墨玉的比重仅仅只有 2.66 左右。

三.和田玉“家族”第三个秘密：成分不同

和田玉的大体成分基本相同，但是同是和田玉，成分有微差。表现为：和田玉中的白玉、青白玉、青玉的氧化铁规律性依次升高。和田玉中的白玉、青白玉、

和田玉籽料

青玉的氧化钙、氧化镁、二氧化硅规律性依次降低。和田玉中的白玉、青白玉、青玉的三氧化二铝、氧化铁规律性依次升高。

青白玉的氧化铁和三氧化二铁含量普遍比白玉高，青玉的二氧化硅、氧化钙、氧化镁的普遍比白玉、青白玉低。墨玉的氧化铁的含量在和田玉家族中间最高，达到 3.92%，二氧化碳的含量在和田玉家族中间最高达到 1.43%. 翠青玉与青玉的成分差别不大，三氧化二铁和二氧化硅的含量比较高一点。

四 . 和田玉“家族”第四个秘密：“肤色”不同

典型的和田玉白玉是以和田地区阿拉玛斯玉矿戚家坑产出的白玉，白而温润，原石微微泛青，在玉雕过程中间，返青为白。阿拉玛斯玉矿戚家坑产出的白玉，一直是和田玉白玉的极品——羊脂白玉主要来源。

和田玉矿体是接触交代作用的产物。和田玉矿体无论是垂直分布还是水平分布，离“侵入岩体”越近，颜色越深，离“侵入岩体”越远，颜色越浅。

和田玉玉皮的颜色分为红皮、黄皮、金皮、褐皮、虎皮、黑皮、其他颜色的皮，所有的皮色大多数都是次生形成的。“皮”是浸然形成的。“沁色和田玉”玉质、颜色内外有差别，而且都出产在昆仑山系的玉龙喀什河流的中下游河床中，在玉龙喀什河流的上游从来没有出现过。或者在玉龙喀什河流的中下游古河床和古阶地中。

五 . 和田玉“家族”第五个秘密：色种不同

在世界范围内有十几个国家产出软玉，矿山和矿点以百计，在中国就有几十处，但多数国家和地区产的软玉色种单一。加拿大、新西兰主要出产碧玉，俄罗斯主要出产白玉和碧玉，韩国主要产白玉，中国青海省主要产白玉，而中国新疆和田玉的色彩最为丰富，白玉、青白玉、青玉、碧玉、墨玉、黄玉、糖玉等，和田玉色种齐全且自成体系，而其他地区产出的软玉颜色比较单调，色彩比较单一。

六 . 和田玉“家族”第六个秘密：质地不同

新疆和田玉：硬度 6 ～ 6.5，密度：2.934g/cm^3 ～ 2.983g/cm^3。平均 2.95g/cm^3，折射率

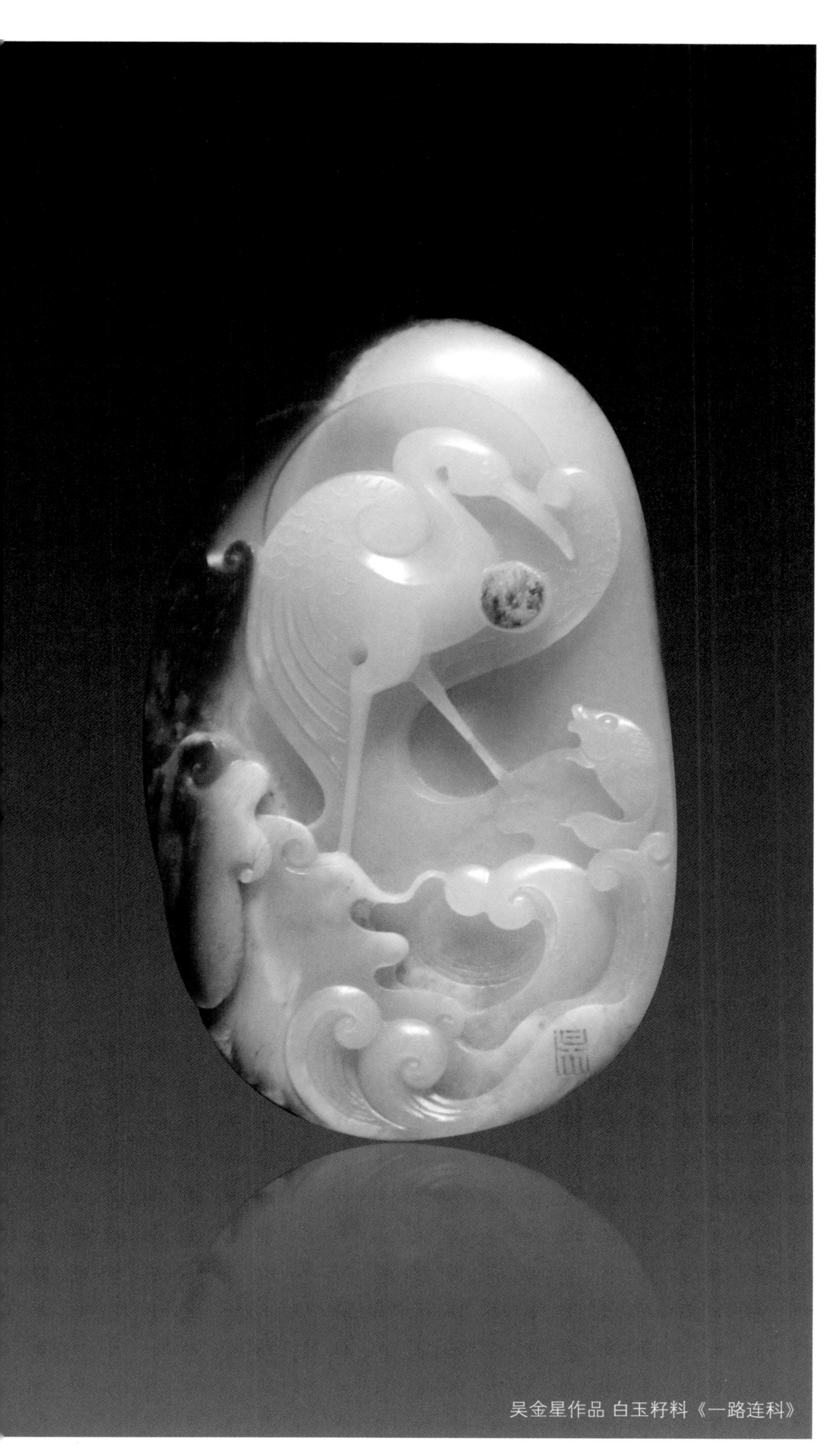
吴金星作品 白玉籽料《一路连科》

1.605 ～ 1.62，颗粒一般在 0.01mm 以下，多数在 0.001mm。微透明、少数半透明。有山料、籽料、山流水料和戈壁料。

俄罗斯料：与新疆和田玉的矿物组分、矿床成因、结构相似，颗粒比较粗。粒度一般在 0.02 ～ 0.005mm 之间，导致韧性比新疆和田玉差，微透明、少数半透明。以山料为主、籽料、山流水料较为少见。

青海料：与新疆和田玉的矿物组分、矿床成因、结构相似，但颗粒相对较粗，粒度一般在 0.05 ～ 0.005mm 之间，硬度平均 5.68，导致韧性、硬度比新疆和田玉差，半透明为多。以山料为主，戈壁料、山流水料少见。

韩国料：与新疆和田玉矿物组分与软玉接近，但色调灰暗不正，蜡状光泽为主，大部分原料白度和油润性较低，产状以山料为主。

了解和田玉"家族"的秘密，无论是从事玉器创作生产、经营和投资收藏都非常必要。和田玉原料研究是一门科学，和田玉创作也一门艺术，当然和田玉"家族"的这些秘密只是和田玉"家族"奥秘的一部分，更多更深的研究需要专家和业内人士的共同努力。

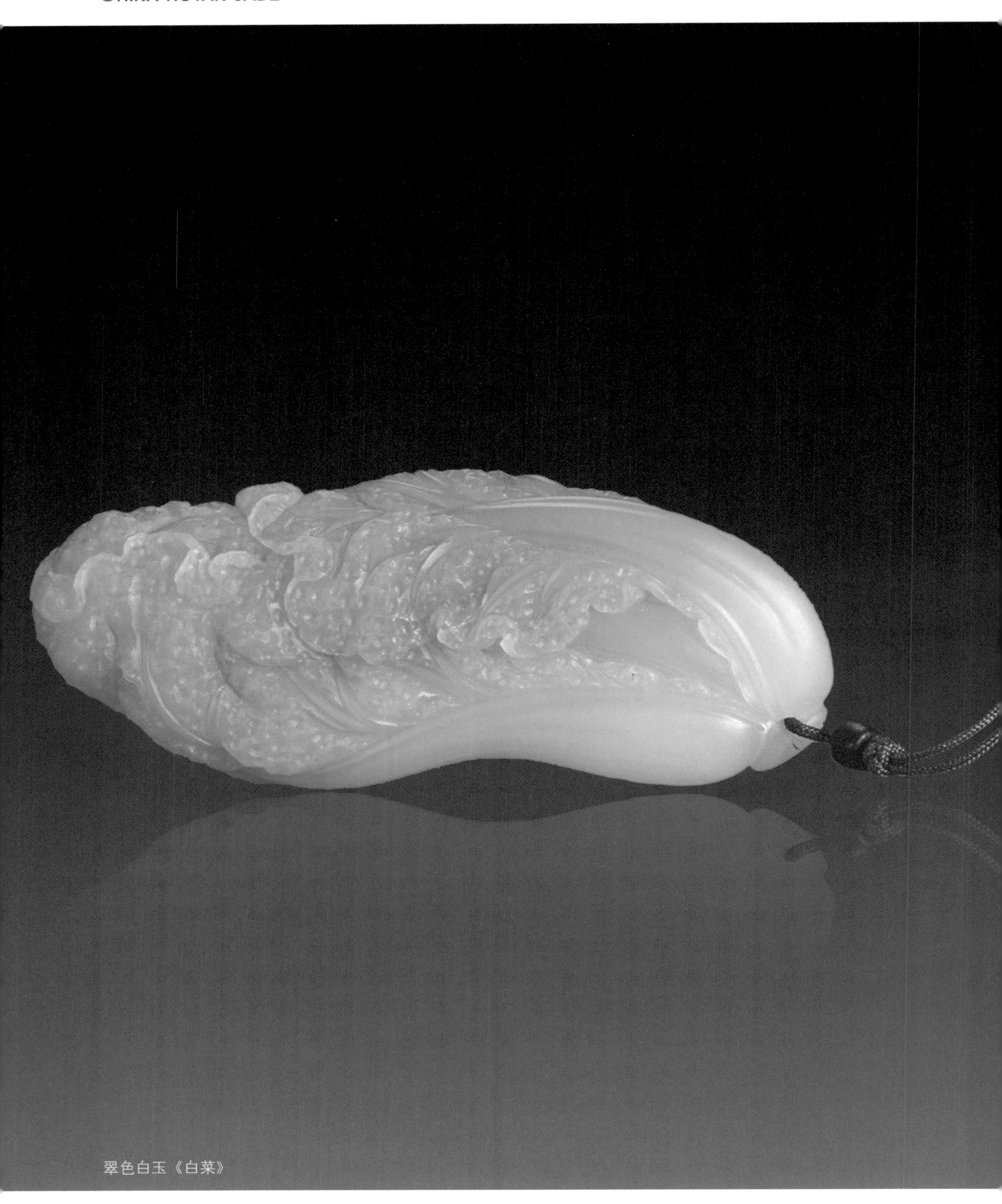

翠色白玉《白菜》

GEM SOURCE

美玉源

THE DIFFERENT OF HOTIAN YELLOW JADE AND BEESWAX

和田黄玉、黄晶与蜜蜡黄玉的鉴别

文 / 岳剑民

清代黄晶帽顶

黄玉 平安瓶

目前世界上发现近4000种矿物岩石，大多数被作为宝石、玉石利用的矿物都是由硅酸盐组成。地球上硅酸盐矿物占已知矿物的25%，占常见矿物的40%左右。硅酸盐是十分重要的化学簇矿物，根据其晶体化学结构的不同分为六大类型：岛状硅酸盐、俦状硅酸盐、环状硅酸盐、链状硅酸盐（链状硅酸盐又分为单链硅酸盐和双链硅酸盐）、层状硅酸盐、架状硅酸盐。

岩矿鉴定十分复杂，即使是经验丰富的矿物专家，如果不借助于一些必要的鉴定仪器和技术手段，仅凭肉眼鉴别一块不常见的矿物，也是十分困难的事情。因为岩矿鉴定的分支——宝玉石鉴定毕竟是一门比较复杂和专业的学科。

黄玉是和田玉的一个品种。黄晶在矿物学上也叫“黄玉”，珠宝界称为托帕石。蜜蜡黄玉是玉石，是一种含氟碱式硅酸盐。和田黄玉常常被简称为黄玉，或和田黄玉。和田黄玉与“黄晶”“蜜蜡黄玉”在名称、颜色上很容易被玉石爱好者混淆。

和田黄玉作品（插入图片）

雪利黄色的托帕石是一种产在巴西的的名贵品种，其名称也以雪利黄色的托帕石而定名，“黄玉”是托帕石的矿物学名称。以避免混肴，为了把和田黄玉与托帕石区别开来，国家在《国家珠宝玉石标准》专门把这种含氟碱式硅酸盐的“黄玉”的宝石学名称删除，将托帕石的宝石学名称和矿物学名称统一都用托帕石，就是为了避免与和田黄玉在名称上混淆。

蜜蜡黄玉是白玉石大理岩。可以看成为方解石被白玉石取代了的石灰岩（这个过程地质上称为白玉岩化）。对于非专业人员来看，蜜蜡黄玉因其光泽柔和而温润且具有隐晶质的，并呈奶油色，以致蜜蜡黄玉常与和田黄玉混肴，蜜蜡黄玉是假冒和田黄玉——最常见的是品种之一。

和田黄玉、黄晶、蜜蜡黄玉是三种完全不同的矿物品种，他们的区别也比较明显，其主要区别见下表：

和田黄玉、黄晶、蜜蜡黄玉的区别			
名称	和田黄玉	托帕石（黄晶）	蜜蜡黄玉
类　别	硅酸盐，链状硅酸盐	硅酸盐，岛状硅酸盐	碳酸盐
晶　系	集合体	斜方晶系	隐晶质—细粒结构
化学成分	钙镁硅酸盐	氟碱式硅酸盐	碳酸钙
颜色	浅至深绿色、黄色至褐色、白色、灰色、黑色	无色、蓝色、黄色、褐色、粉色、绿色。	无色、白色或奶油色
结晶状态	晶质集合体，呈纤维状集合体	晶体、晶质集合体，	晶质集合体，常呈块状集合体。
硬度	6～7	8	4.5 左右
密度	2.95 克 / 立方厘米	3.4～3.6 克 / 立方厘米	2.8～2.9 克 / 立方厘米
光泽	玻璃光泽—油脂光泽	玻璃光泽	玻璃光泽—珍珠光泽
光学特征	非均质集合体	二轴晶，正光性	一轴晶，负光性
透明度	半透明—不透明	半透明—透明	不透明—微透明
折射率	1.61～1.63	1.62～1.63	1 .505～1 .74
解理	二组完全解理，集合体通常不见	完全底面解理	三组完全解理，集合体通常不见
形态	块状	块状	偏三面体

对于和田黄玉与托帕石的区别只需要区分集合体与晶体就可以了，因为和田黄玉是集合体、托帕石是晶体。对于和田黄玉与蜜蜡黄玉的区别相对复杂一点，和田黄玉与蜜蜡黄玉是两个不同的矿物，和田黄玉地质学上称为钙镁硅酸盐，而蜜蜡黄玉是碳酸盐类。

和田黄玉、托帕石与蜜蜡黄玉的主要区别表现在四个方面：

一是在成分上，和田玉是透闪石，是钙镁硅酸盐。托帕石是氟碱式硅酸盐，蜜蜡黄玉是白玉石，蜜蜡黄玉是碳酸盐。

二是在密度上，和田黄玉的密度在 2.90～3.10 克 / 立方厘米。托帕石密度在 3.4～3.6 克 / 立方厘米。蜜蜡黄玉密度在 2.80～2.90 克 / 立方厘米。

表现为：和田黄玉明显比托帕石轻。和田黄玉略微微比蜜蜡黄玉重。

三是在硬度上，和田玉的硬度在在 6.5 左右。托帕石的硬度在是 8。蜜蜡黄玉硬度是 4.3～4.5。

四是在结构上，和田黄玉是集合体、纤维状、毛毡状结构。而托帕石是斜方晶系，晶体，常呈柱状。蜜蜡黄玉是隐晶质—细粒结构，也是集合体，常呈块状。

对于大部分非专业的宝玉石爱好者来讲，和田黄玉与托帕石、蜜蜡黄玉，常用排除法进行，既一项不符合，就可以排除这件玉石不属于和田黄玉。使用排除法首先在，重量上鉴别：和田黄玉的密度比托帕石的密度小，比蜜蜡黄玉略大。在相同体积下，和田黄玉明显比托帕石轻，比蜜蜡黄玉略重。其次，和田黄玉的硬度比蜜蜡黄玉的硬度高，和田黄玉硬度在 6.5，小刀在和田黄玉表面刻划不出痕迹。蜜蜡黄玉硬度低，小刀在蜜蜡黄玉表面刻划就可以刻划出明显痕迹。托帕石硬度是 8，小刀就也刻划不动，无痕迹。

第三，在结构上上鉴别。放大检查是珠宝鉴定的基本主张，也是重要一个环节，和田玉的结构是纤维交织结构、毡状结构，托帕石是晶体，所呈现的特征完全不同。蜜蜡黄玉是隐晶质—细粒结构。在市场上有许多类型的宝石放大镜，都可以为宝玉石爱好者所用。第四，在颜色上鉴别。和田黄玉的颜色：鸡油黄、板栗黄、黄主色及一些黄色中间过渡色。托帕石的颜色：无色、蓝色、黄色、褐色、粉色、绿色。蜜蜡黄玉的颜色：无色、白色或奶油色。

宝玉石鉴别是一个综合评判的过程，每个种类的宝石、玉石都有检测的关键点。根据鉴别的对象，被检测的关键点如果有一项不符合，就可以用排除法予以排除。各种宝玉石的鉴别的实践过程是一个系统的学习过程，也是经验积累的过程。所以非专业的鉴定人员一定要多看多比，在实践中提高宝玉石鉴别能力。

蜜蜡黄玉手串

MASTERS' FAMOUS WORKS

名家名品

PERFECTION

杨大钊：大音希声

文 / 俞瑄

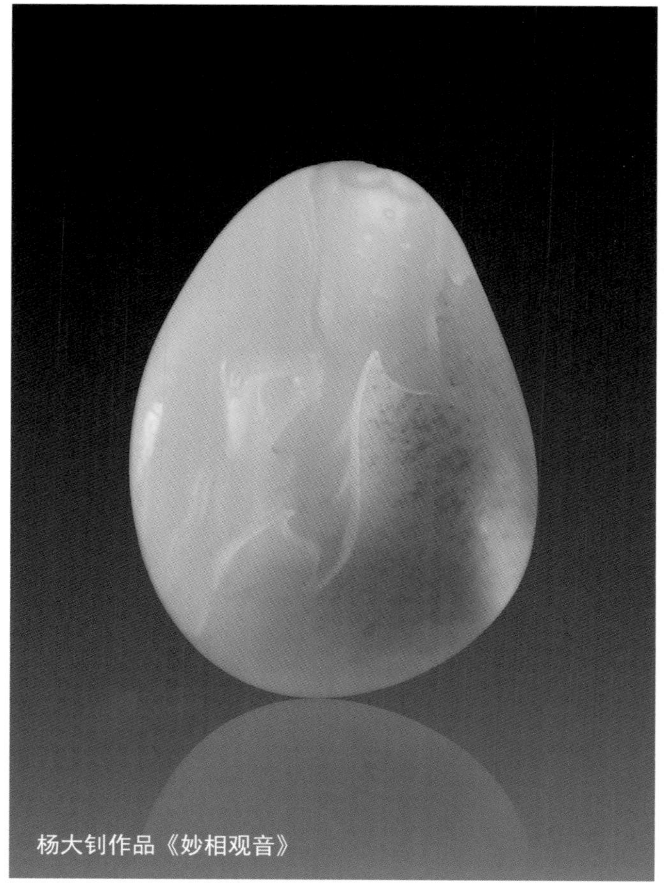
杨大钊作品《妙相观音》

杨大钊水晶作品《钟馗》

初识苏州玉雕名家杨大钊，是缘于一篇关于2011中国玉(石)雕刻“子冈杯”报道，这一届“子冈杯”杨大钊荣获两项大奖，其中之一是本届“子冈杯”唯一的最佳工艺奖，授予了杨大钊的和田玉作品《大汉雄风》。

苏州是陆子冈的故乡，是中国玉雕技艺的主要发祥地之一，在中国漫长的玉雕发展历史上，苏作工艺精良，匠师辈出。在当代更是玉雕人才济济，大师名家云集。中国玉(石)雕刻“子冈杯”荟萃了苏州乃至全国玉雕大师名家的精品佳作，奖项评比竞争之激烈程度可想而知。杨大钊的作品能脱颖而出，获此殊荣，足见其创作实力与水平非同一般，这也是引起我和同事们极大兴趣的关注点。

十月，在一个秋高气爽的下午，我见到了这位仰慕已久的苏州玉雕名家。当时他正在全神贯注地凝视着手中的一块玉石，不时翻来覆去端详，好像在构思着一件新作品的设计。我们简短交流之后，就开始采访。也许是我们有共同关注的话题，虽是初次相见，却一见如故。谈其他话题，他回答问题非常简短，基本上的一问一答。而谈起玉雕创作，谈他的创作理念是那样的健谈，犹如一位滔滔不绝的哲人，给人以启迪，给我留下了深刻的印象。

采访之前，我作了些“功课”，认真查阅了他的有关资料，对他的从艺经历和创作的作品有了一定的了解。但这只是感性的认识，通过面对面的交流，使我开始走近他的玉雕创作的“艺术王国”。

大器晚成

杨大钊（又昭），苏州十月玉苑玉雕工作室创立者和设计师、江苏省工艺美术师、国家工艺品雕刻高级技师。

杨大钊1963年生于江苏省邳州市，幼时即随我国著名画家傅抱石先生的学生侯德明教授学习书画，并小有成就，曾获全国少儿书画大赛一等奖。高中毕业后进入当地文化馆担任美工，那时候的他虽不知玉雕为何物，但是对美术创作有着一腔莫名的热爱，这也为他今后的玉雕创作生涯铺打下了坚实的基础。1986年，经人介绍进入邳县玉雕厂学习玉石雕刻。1992年成立个人玉雕工作室。在此期间，杨大钊的玉雕事业做得红红火火，在当地名气很大，很多喜欢玉雕的人慕名前去拜师学艺，培养了一批批优秀的玉雕学员。但是杨大钊并不满足，他总想出去看看，想知道外面的玉雕世界是怎样的。2008年他放弃了经营尚可的玉雕工厂，到上海闵行

杨大钊作品《站观音》

杨大钊作品 《大汉雄风》

学习玉雕，这时的杨大钊才深深感到县城的闭塞对他的玉雕艺术发展制约太大了，他下决心走出去，要走的更远。

2011年春，杨大钊来到了苏州在园林路成立“十月玉苑”玉雕工作室。

苏州玉雕以其精美隽秀的艺术特色享誉海内。明清时期，苏州的玉雕达到了同时代所有人艳羡的高度，堪称同行业的翘楚。尤其是陆子刚等琢玉名手的技艺更是名震京师，誉满四方。自此，“苏作”逐渐形成了“空灵、飘逸、细腻、精巧”的艺术特色。空灵，即疏密得当、虚实相称；飘逸，即清新雅致、线条流畅；细腻，即八面玲珑、琢磨工细；精巧，即构思奇妙、意蕴无穷。

改革开放后，我国玉雕产业快速发展，全国各地的玉雕名手也纷纷集聚苏州，成为新苏州人，南北技艺交融，精品佳作迭出，将苏州玉雕再次推上了高峰。苏州玉雕以中小件为主，素以选材精良、构思奇巧、造型隽秀、琢磨工细、寓意丰富闻名。今天的苏州玉雕人在继承优秀传统的基础上，将他们对生活、对世事万物的所感、所思、所悟倾注到作品中，创作了众多鲜活生动、极富古韵今风的作品，给人们带来了传统与现代相结合的审美情趣，彰显出与时俱进的创作理念，其技艺“无论圆雕、平雕，都优美别致，图案线条刚柔结合，婉转流畅，毫不拖泥带水，不留碾琢痕迹”，并涌现出一批批玉雕名家。

在这个以玉雕闻名的创业热土上。这一次，杨大钊并不只想做一个单纯的经营者，他要做一名真正的玉雕师！

子曰：四十而不惑，五十而知天命，但是杨大钊天生就有着那么一股子倔劲儿。这种倔强大多都表现在玉雕创作中。他总是精益求精做到最好。有多少个披星戴月的冥思苦想，有多少次用尽了手中的画笔，有多少次被家人埋怨太较真，艺术不能当饭吃，他的执着甚至都被客户打趣：不是什么好料子，随便雕雕得了……这一切，只为了给玉石一个完美的主题和精湛工艺。

他的这种执着，他的玉雕艺术天分，他的勤勉与付出，使他取得了骄人的艺术成就：

2011苏州‘陆子冈杯’作品《大汉雄风》获最佳工艺金奖（唯一）

2011苏州‘子冈杯’作品《听雨》获银奖

2012中国玉石器‘天工奖’，作品《罗汉瓶》获银奖

2012中国苏州‘子冈杯’作品《禅思》观音牌获金奖

2012中国苏州‘子冈杯’作品《财神》获银奖

2012中国苏州‘子冈杯’作品《花开见佛》获铜奖

2012上海“神工奖”作品《悟道》获金奖

2012上海“神工奖”作品《禅意》获银奖

2012上海“神工奖”作品《蛟龙》获银奖

2012上海“神工奖”作品《观音》获银奖

2012中国玉（石）器“百花奖”银奖

2013上海“玉龙奖”作品《赐福》获金奖

2013中国玉石器‘百花奖’作品《慧海渡慈航》获金奖

……

大音希声

接触过杨大钊的人都知道他非常低调。他只是把自己当做一个玉雕艺人而不当商人，就是让自己更醉心于玉雕艺术的创作。他喜欢看书、钻研，喜欢静静地思考，有时候皱着眉头能在画桌前坐上一整天。他将自己的生活感悟和艺术灵感融入并运用到自己的玉雕创作中。他经常挂在嘴边的一句话就是：“没有生活经历的艺术作品不可能是件好作品，真正能够打动人的作品首先要打动自己。”

杨大钊说：“一件好的作品里必须有生活，必须反映这个生活之美，这是我的创作使命”。这就要求玉雕创作者时常用眼睛去观察生活，用头脑去思考生活，用心去感悟生活，而后从生活

杨大钊作品 观音牌

中去提炼美，提炼艺术。“莎士比亚说，玫瑰是美的，更美的是它包含的香味。艺术不单是欣赏，更应该是一种心灵的对话，让人思考，给人启示。”咫尺应须论万里。这是艺术的必然规律，也是作为艺术家应有的担当，但是要有此大略必然要有艺术家的修养和心态。

在创作上，杨大钊选择原料不一定要求达到最高等级，瑕疵品反而能让他有创造和发挥的空间。在决定设计后，他会根据原料绺裂、塥纹、僵斑、皮色等变化而运用圆雕、浮雕、透雕和阳刻、阴刻技法等工艺，最后在平衡了作品的主次、虚实后在关键处作画龙点睛的精雕细刻。他的创意很好地结合了原石的优缺点和自己的独特匠心。可以说，透过他的作品，我们可以看到杨大钊完成了一个雕刻匠人向一个艺术创作者的华丽转换。

杨大钊博览广涉，博采众家之长，充分发挥他绘画功底厚实的优势，深入钻研绘画、雕塑、书法、石刻、民间皮影和剪纸、当代抽象艺术，只要是美的，杨大钊都能巧妙地将这些艺术元素恰当地融入到自己的创作中。在杨大钊的眼里，任何一块原石都是大自然的神作

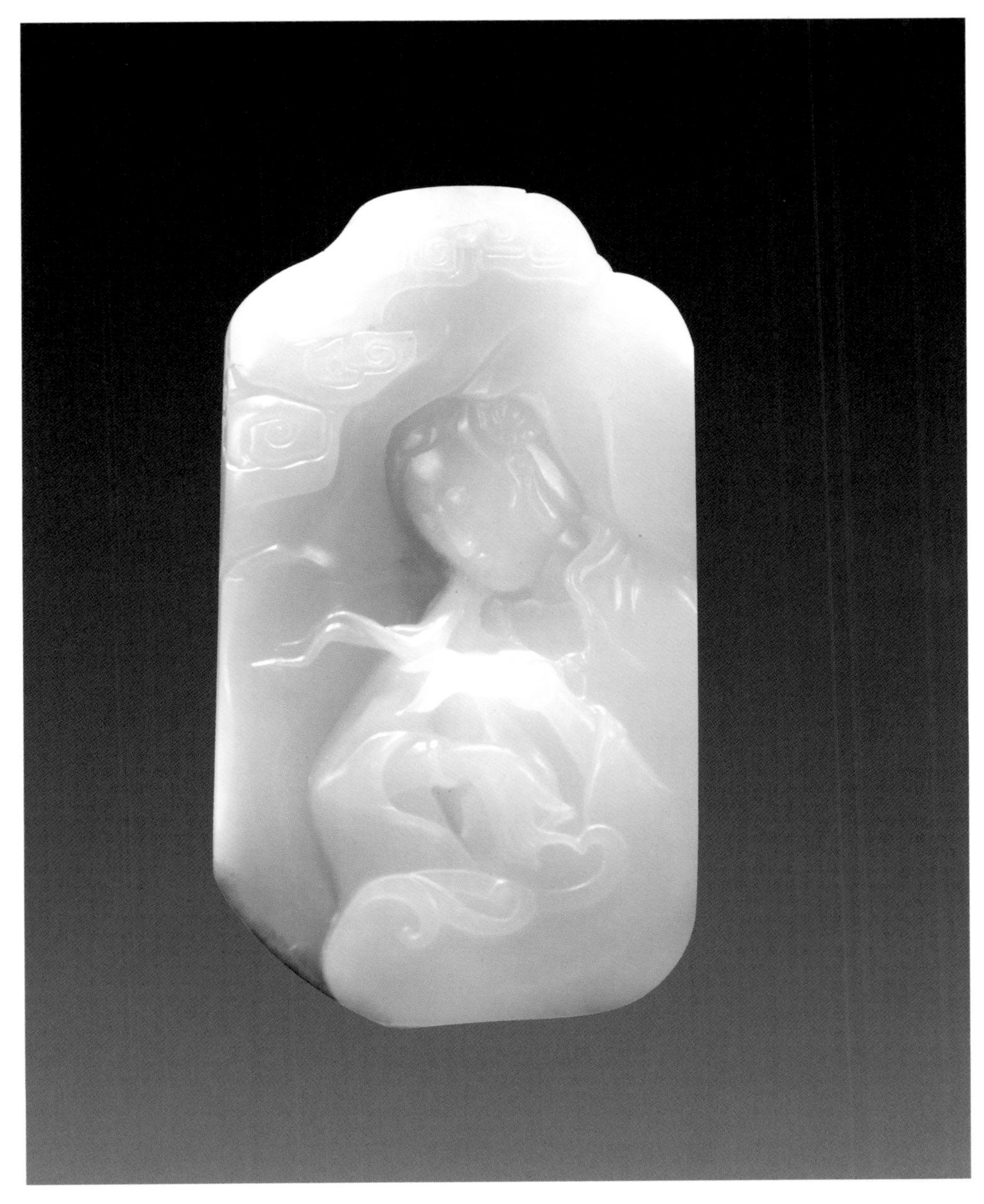

杨大钊作品《静心》

之物，没得到一块好料子，他总是爱不释手，在画桌前边爱惜地摩挲着玉质边皱着眉头冥想创作。近年作品以和田玉为主，形式上分为挂件、手玩件、摆件、山子雕等。他说：现在好的原料越来越少，越来越珍贵，一件有灵气的作品完成他总是久久把玩欣赏，舍不得放下更舍不得卖，这真是一个打心里喜欢玉、喜欢玉雕艺术的琢玉人。

大方无隅

有形即无形，无形亦有形。都说玉雕之中以人物雕刻为最难，但是人物正是杨大钊的强项，尤其善琢白玉观音。他十分注重雕刻的细节处理，作品温润厚实，神采怡然，尤其是观音造像，秀美典雅、虚实有度、简洁飘逸。

在运用和继承传统玉雕技艺的同时，力图以简练，抒放的刀法尽善尽美地表现各种题材的作品，尤其是他的观音造像形成了秀美典雅，疏密有致，虚实有度的艺术风格。

他以其典雅含蓄、流畅飘逸的刀法，使观音的形态与线条互为映托，他自如地驾驭着“玉雕语言”，好似国画与书法的笔触般写意传神；又借以西方美学中攫取的养分，使他对作品结构、比例的把握走出了传统玉雕的“程序语言”，使作品的空间与细腻刻画融为一体而层次分明，在造型上更为生动有力，布局疏密有致。这种现代的美学诠释是他在玉雕艺术上的一次突破，传统中生新意。

广采博纳，厚积而薄发。可以说，杨大钊在玉雕艺术的田野上近30年的辛勤耕耘中，形成了自己的艺术雕刻风格，西洋绘画中的解剖，透视，构成使作品结构严谨，精准。中国波澜壮阔的历史，中国画的意境，古典诗词书法给了他无限的灵感和创作源泉。

玉雕《大汉雄风》的创作正是杨大钊丰富历史文化素养的体现。大汉是中国历史上的强盛王朝，反映优秀而典雅的文明，睿智而进取的素养，勇武而坚定的国家精神，是他创作《大汉雄风》的初衷和目的。一件形神兼备的玉雕作品，才会有巨大的感染力，才能有打动人心多的力量。这不单是一个雕刻技巧的问题，更重要的是创作者内在的心理境界、文化积淀、艺术修养密不可分。玉雕创作中也如此，怎样使一件朴实无华的原料，通过精湛的加工创作，表达出艺术美、生命美，这是一个复杂而奇妙的过程。

《大汉雄风》是个大题材，艺术表现上采用皇家象征的蝌蚪文和图腾形式，为作品增添了一份时空的凝滞感。技法上以透雕、浮雕为主，让整个作品彰显超脱的艺术美。同时，木质的底座造型也别具匠心，圆形为天、方为地，谓之天圆地方之自然哲理。同时大胆创新，右侧的立木去掉了圆形的1/3，打破了传统圆形的呆板，居下的长城造型稳重大气，使人通过作品领悟到了那已远远逝去的汉邦文化的风范。

玉如其人

熟悉杨大钊的人难免会对他有这么一个印象，不善交际、谦虚敦厚，但是一旦和他讨论起玉雕作品工艺，他总是固执地像一个穿着白袍子的唠叨哲人，让人尊敬而特立孤行。他说：雕刻时必须心静，雕到最精细处往往还要屏住呼吸，静心凝神。工作起来一坐就一天，什么话都不说，但把我想说的话都融入在了玉石里，这便成了最美的艺术语言。

面对变化多变的复杂市场，杨大钊总能做到独善其身，不为利动。他认为现在卖得好的作品，往往都是迎合客人的需求，而艺术价值削弱了。其实玉雕应该是艺术的一个品种，它只是形式不同，如果将新的意识、创意、角度和手段注入玉雕成分中，通过思想和艺术的附加才能增高玉雕的价值。可是往往很少人能理解，我才不会将我的心血作品卖给不懂玉，不懂艺术的人。

杨大钊认为，玉雕师的心态应该随时保持着一种淡薄清静而又格调飘逸的闲情雅致，而且首先是心理健康的素质状态。若成天受功名利禄所累，对于个人的利害得失斤斤计较，则很难对形对物产生真挚的感情，也不会有艺术创作所必须的良好心态；即使看到最好的山水月光，也无动于衷。玉雕师的人格必然要通过作为精神载体的玉雕作品表现出来，作品就是人格的反映，人格的写照，正如“文如其人”“画如其人”。

杨大钊钟爱品茶。在他看来，品茶的意义不同。茶品之“品”，则更多可理解为茶的精神品貌。茶品是人品纯洁象征的写照。不管茶品还是人品，它的含义都较为丰富。茶圣陆羽称茶树为“嘉木”，指茶乃“精行俭德”之品。人们把人品逐步转移到茶上，便慢慢地用茶品体现人品，人们激活茶品有无穷的内涵和顽强的生命力。

文学修养深厚的杨大钊，品茶兴起还会吟些关于茶道的诗作。如唐代著名诗人韦应物的“洁性不可污”和郭沫若的“脑如冰雪心如火，舌不饾饤眼不花”等。他呷上一口清茶：品茶不光是品味茶水本身，品的是一种感觉、一种诗意、一种境界、一种心情、一种生活。茶品之精强灵性，有助于修身养性，能引导人进入一个虔诚纯净的世界。

杨大钊，大音希声，玉如其人。

YANG DAZHAO'S APPRECIATE WORKS

杨大钊作品赏析

文 / 孟东

杨大钊（又昭），苏州玉雕名家。1963 年生于江苏省邳州市，幼时即随我国著名画家傅抱石先生的学生侯德明教授学习书画。1986 年 9 月 22 日进入邳县玉雕厂学习玉石雕刻。1992 年成立个人玉雕工作室。2008 年到上海闵行学习玉雕，2011 年春在苏州成立"十月玉苑"玉雕工作室。2010 年加入上海海派玉雕文化行业协会。现为苏州玉石文化行业协会理事、徐州玉文化研究会副会长、苏州市工艺美术行业协会玉雕专业委员会会员。

近 30 年来，杨大钊在玉雕艺术的田野上辛勤耕耘，形成了形神兼备、秀美典雅、疏密有致、虚实有度的艺术风格，他的作品集诗书画之精华为一体，其作品极富艺术美感，并蕴含时代精神和人生的哲理，给人以美的享受与心灵的震撼和启迪。本文选杨大钊部分作品与读者共赏。

《慧海渡慈航》

名称：《慧海渡慈航》
材质：南红玛瑙
规格：10×7× 4.5cm
奖项：2013 中国玉石器“百花奖”金奖。

《慧海渡慈航》选用优质南红玛瑙创作而成，材质色彩纯正细腻，料型完整。大师以其独特的构思，独特新颖造型设计，运用浮雕的手法书写如行云流水，其间点缀祥云，作品构图中心观音双目微闭，俯瞰众生，嘴角轻扬呢喃着大爱无疆，佛法普渡众生。留白之处泽海万里，方显观音之慈祥。作品线条流畅婉转，曲直相伴，虚实相生，刀法干净利落，平静的画面不失韵动。

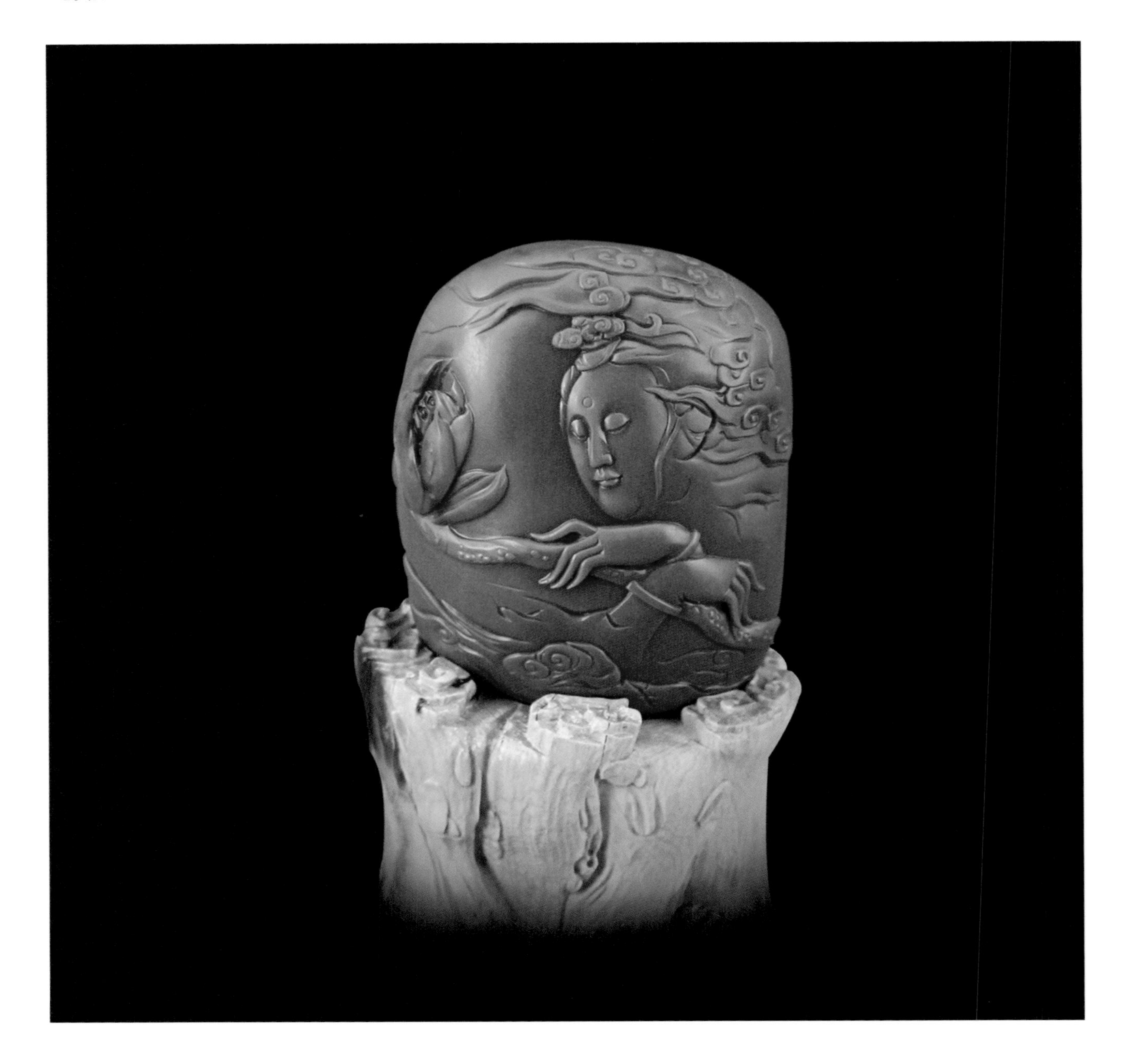

《大汉雄风》

名称：《大汉雄风》
材质：和田玉白玉
规格：9×6×2cm
奖项：2011 中国玉（石）雕刻“陆子冈杯”最佳工艺奖

《大汉雄风》由和田白玉创作而成，作品以两汉文化元素为题材，将汉代玉器中的圭、璜、琮、璧及青龙、白虎、朱雀、玄武统一在一个画面内。中置玉琮方正稳重，象征中华文化傲然矗立，王气浩荡。下为璜，左右为璧圭，各种元素设计巧妙，布局得当，和谐为一。作者采用皇家象征的蝌蚪文和图腾形式，为作品增添了一份时空的凝滞感。新颖的创意设计，惟妙的雕琢工艺，透过洁白剔透的玉石，更使人领略到了汉邦文化的风范。

《合一》

名称：《合一》
材质：和田青花籽料
规格：18×8.5×5cm

万教同源，天人合一。大师创作灵感来源于18世纪西藏壁画。白度母又称七眼女，各眼分工不同，可以看见世间所有受难众生的痛苦。白度母头戴五佛宝冠，身着各色天衣，左手拈花右手施与愿印，上界为20世纪达赖喇嘛，下界左侧为金刚（护法）。雕刻手法浅浮雕。作品成三部结构，上下为黑色，中间呈黄绿色。画面近景为护法金刚头部特写，面目狰狞不畏初恶，中间黄绿部分白度母佛，远处为褐色两飞天手持莲花自远而近从空中飞来。作品构图唯美，色彩运用巧妙，对比强烈，极具审美情趣。

《和合》

名称：《和合》
材质：和田白玉籽料
规格：6×5.2×4.8cm

作品选用和田白玉籽料创作，玉质细腻温润，大师设计巧用黄色洒金原皮包裹二仙，圆雕结合的和合二仙，持荷捧盒，眉开眼笑，憨态可掬。整件作品简繁呼应，线条流畅，妙趣横生，寓意吉祥。“和合二仙”因“和”“合”二字代表吉祥寓意，故自宋代以来，即被当作“结婚之神”，用以祝福新婚夫妇圆圆满满，幸福吉祥。

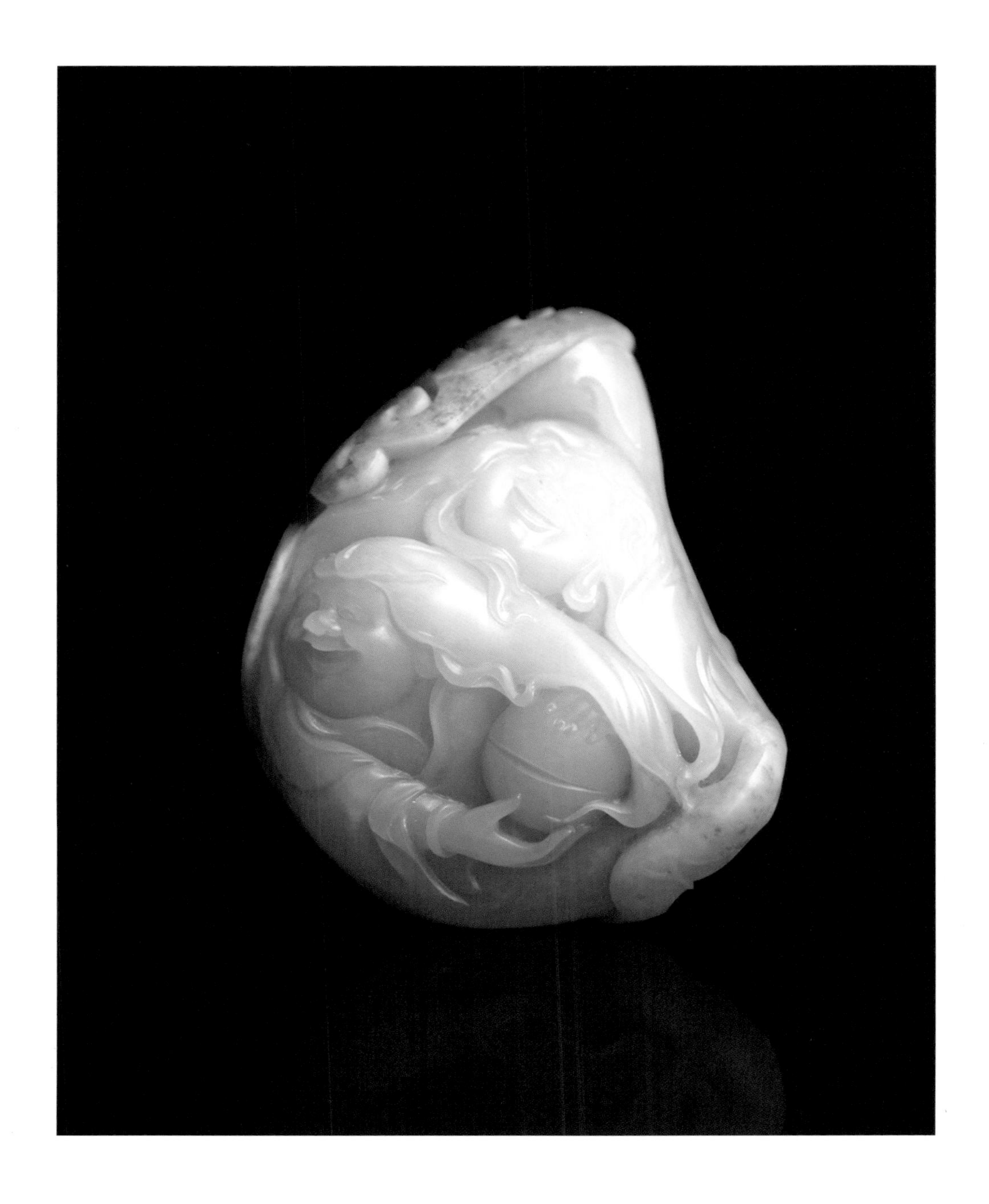

《禅思》

名称：《禅思》
材质：南红玛瑙
规格：8×11×1.5cm
奖项：2012 中国玉（石）雕刻“子冈杯”金奖。

作品材质为南红玛瑙材料，具白、粉红、红三色。大师巧用色彩绚丽的三色南红玛瑙，润白部分雕刻人像，粉红、红色部分作为主题烘托，以白色表现观音的面部，手势。慈眉善目，纤纤巧手，天生丽质。底色为深红色，对比强烈，使上一层白色的观音形象更加突出，足见作者的创意与雕刻功力和表现风格。《禅思》用画面与线条表达用千言万语难以表述清晰的禅境，形神兼备、气韵俊美、结构严谨、疏密有致、“情”“理”“气”俱生。该作品荣获 2012 中国苏州“子冈杯”金奖。

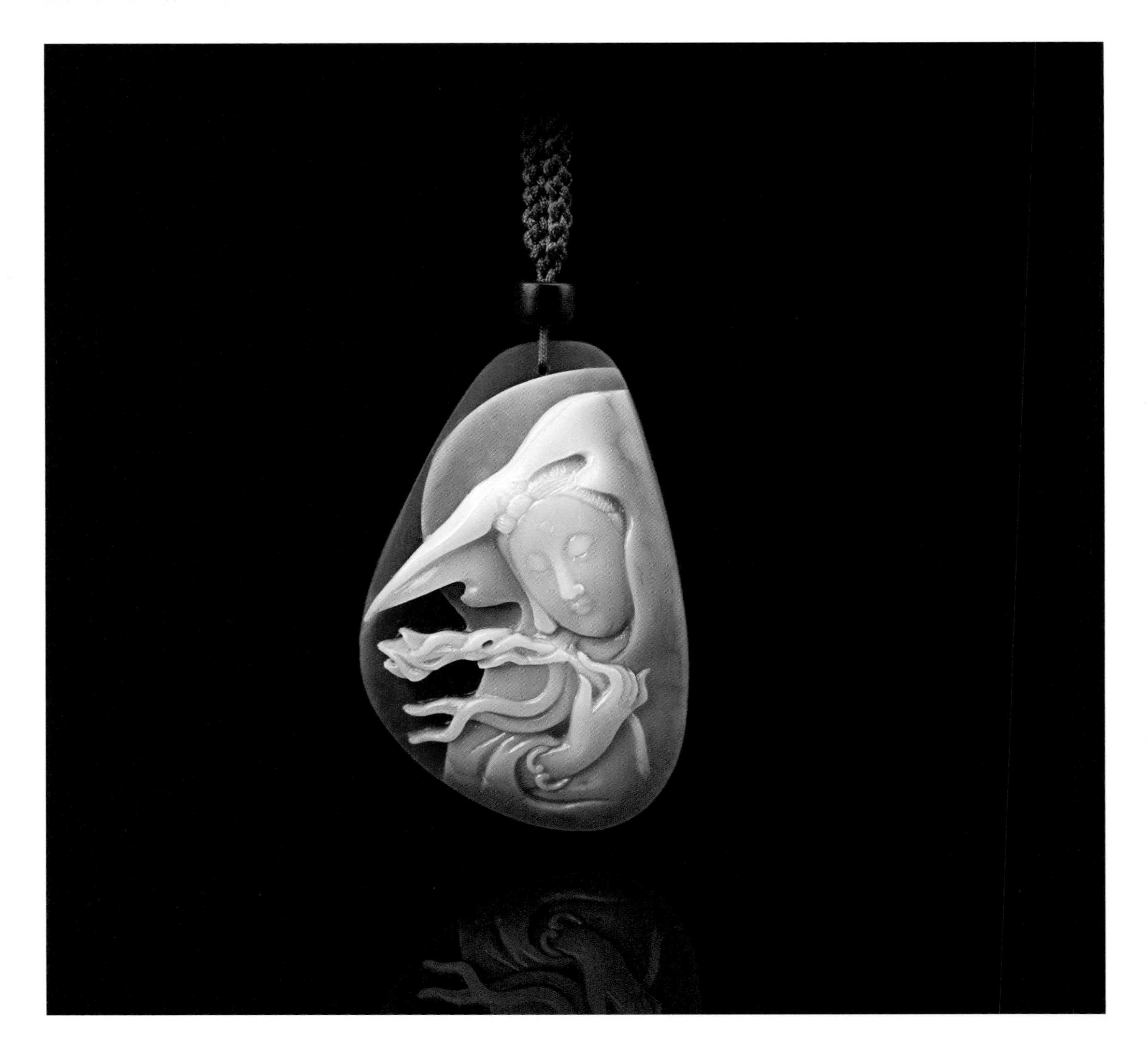

《大音希声》

名称：《大音希声》
材质：和田白玉籽料
规格：8×11×3cm

《大音希声》选用优质和田白玉籽料创作，洁白细腻的玉质，浮雕观音，观音面部饱满祥和恬静，双目微启，目光低垂，双耳贴颊下垂，嘴角内敛，沉稳端庄。发髻高耸，配饰飘逸，观音体态丰腴柔美，繁复华丽。手托净瓶，手臂丰满圆润，柔若无骨。作品简繁结合，虚实相生，大片留白。让作品更加空灵，其意境深远。同时不失写意与写实之风格雕刻上继承传统写实手法又有大胆创新突显玉质之美，工艺之美。

《生生不息》

名称：《生生不息》
材质：水晶
规格：8×6×4cm

作品《生生不息》堪称鬼斧神工，俏色蜗牛肉质饱满，栩栩如生。慢吞吞的蜗牛认准了自己的方向，蜗牛背负理想，生生不息，一直在为之目标而专注和坚持，不为途中的小风景停留，锲而不舍，最终到达金字塔的顶端，看到最好的风景，此件作品以小见大，寓意深刻。

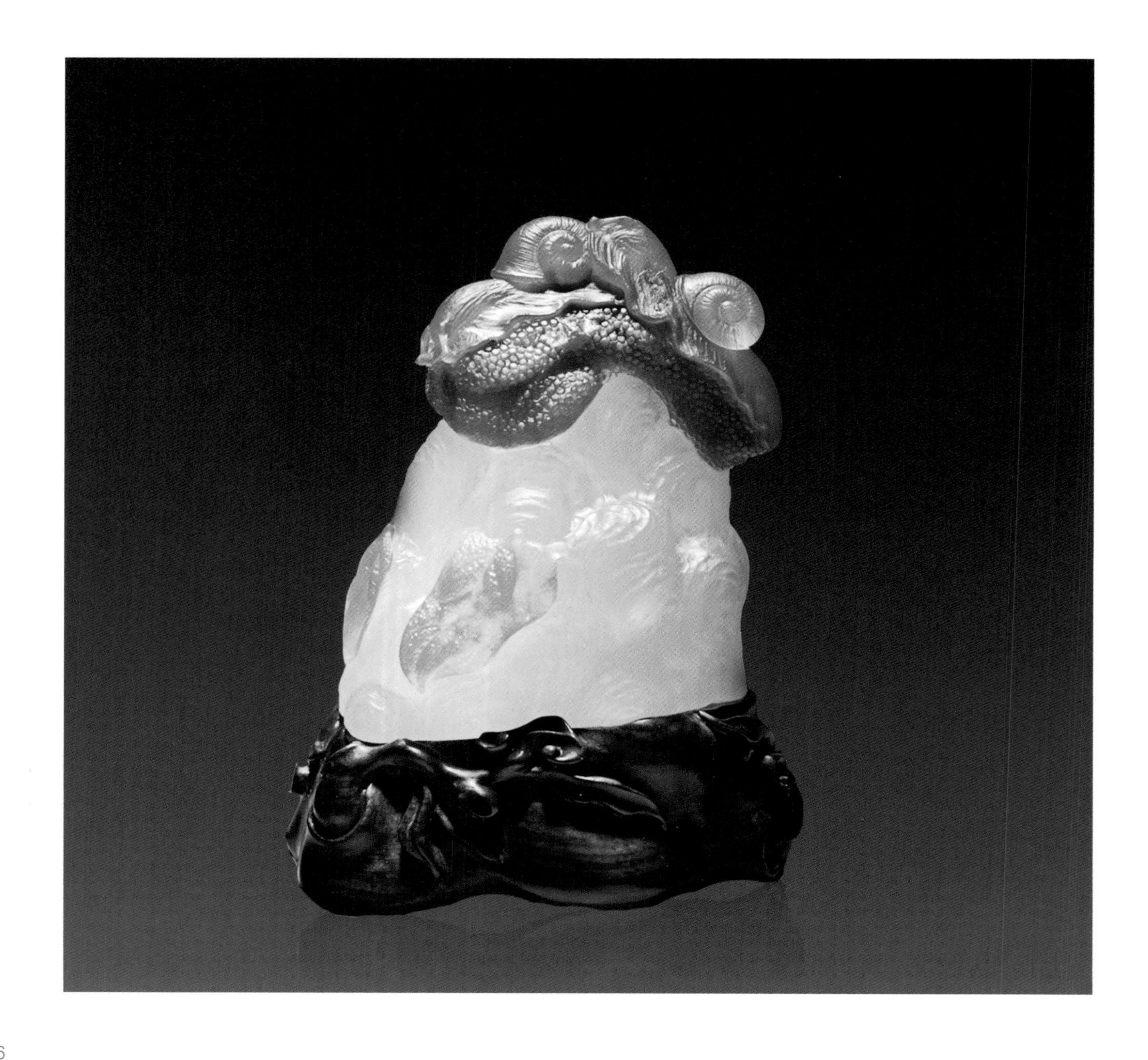

《福星》

名称：《福星》
材质：和田白玉籽料
规格：8×7×9cm

作品选用红皮籽料创作。福先见曰祥，内修身外中庸，谓之福星人生。福是中国吉祥文化中的一个十分重要的概念，此件作品以传统福星为题材，借以剪纸艺术的风格，利用红皮为衣，白肉为底，红白呼应，画面灵动，人物呼之欲出，创题材与工艺运用之新意。

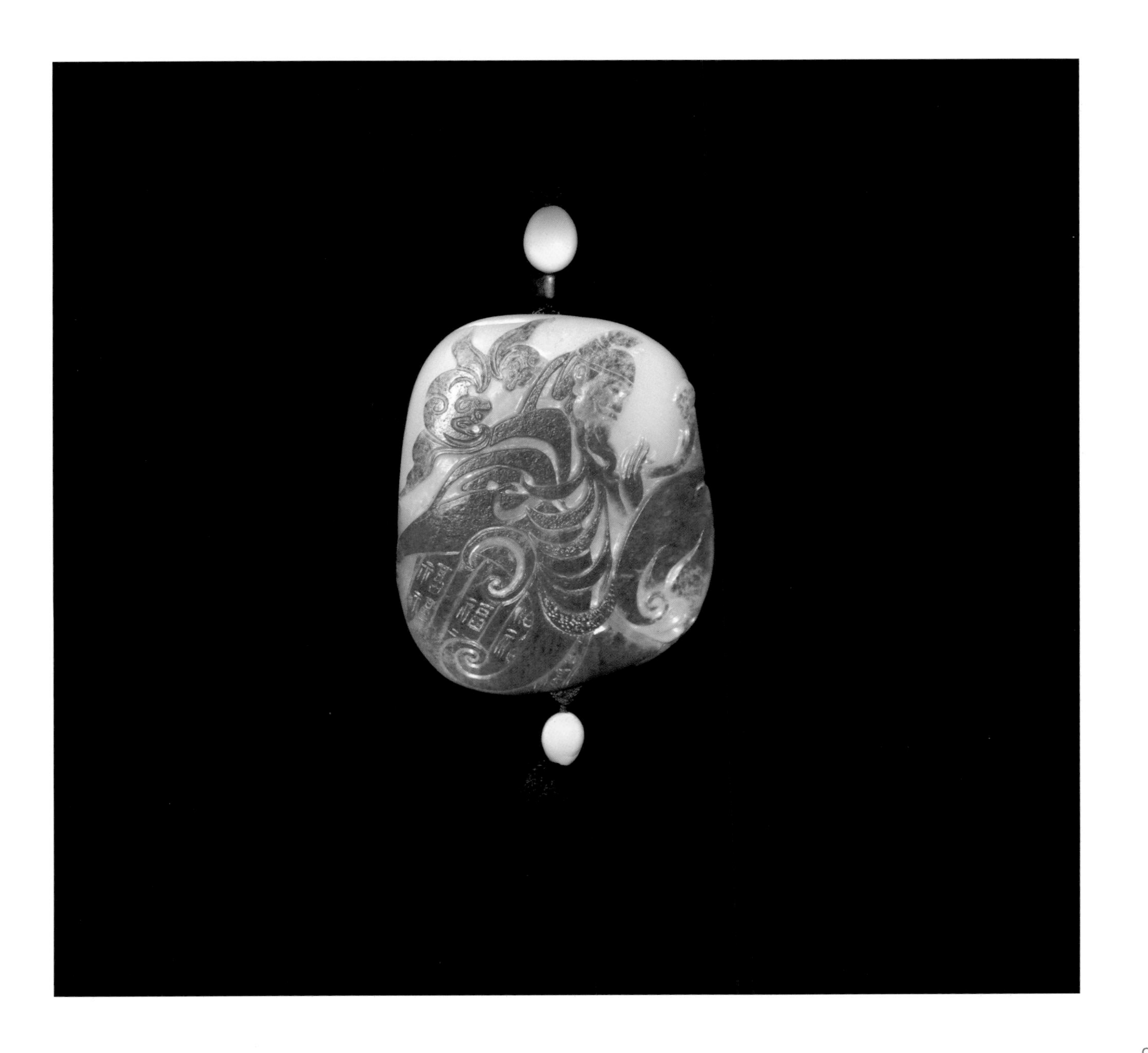

《借山归隐》

名称：《借山归隐》玉牌
材质：和田玉白玉
规格：10×6×2cm

《借山归隐》玉牌选料精到，构图精妙，画面层次分明，意境深邃，诗文书法传神。儒家思想的理想人格是“修齐治平”，然而抛却现实，每个人心里都有一个理想的“桃花源”。此件玉牌作品在方寸之间，用娴熟的技艺勾勒出一番人人向往的诗情画意。

《滴水观音》

名称：《滴水观音》
材质：和田玉白玉籽料
规格：9×8×3cm

此件作品选用质地缜密温润的白玉，绝妙体现了观音造像的祥和。大师层次分明的设计，俏色荷花立体感强，疏密有致，空间布局得当，雕工精湛，体现了作者不凡的艺术造诣和娴熟的观音题材玉雕作品的表现功力。

《财神童子》

名称：《财神童子》
材质：和田玉白玉籽料
规格：8×11×4cm

此件和田白玉籽料作品，红皮白肉，细腻油润。圆雕财神面容饱满，长须飘逸，笑琢眼开，喜气洋洋。身旁一可爱童子相随，趣味倍增，寓意财源滚滚，举家如意。作品工艺表达清晰和谐，随型施艺，匠心独运，妙手精研，浑然天成。

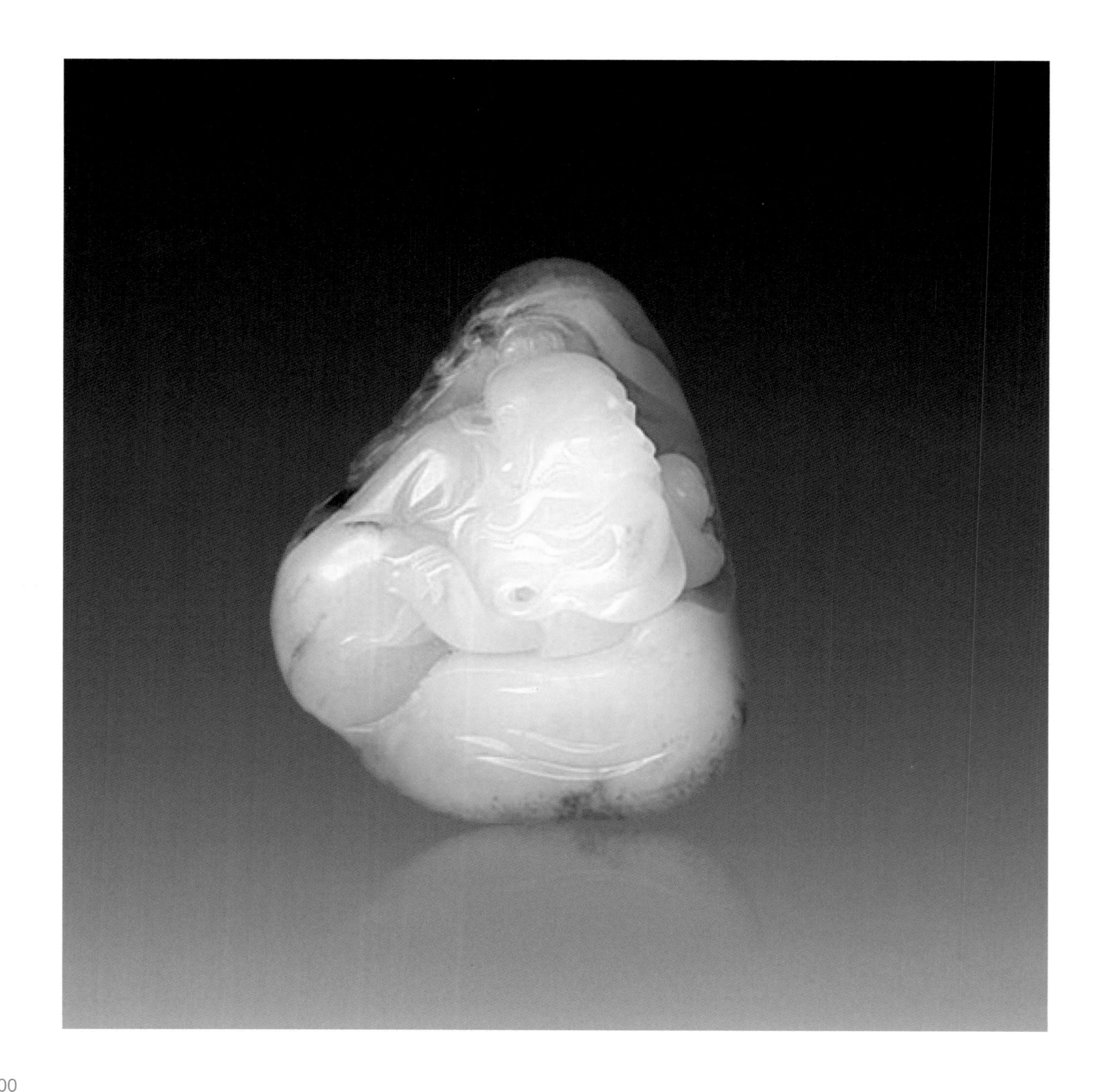

《链壶》

名称：《链壶》
材质：和田青白玉籽料
规格：10×6×5cm

该链壶选用优质和田青白玉籽料雕刻而成，料型完整，玉质润白匀净。作品造型丰腴雍容，敦厚优美，典雅大气，韵味十足。雕琢线条圆满流畅，环链工艺精到，壶身与附件丝丝入扣，精料精工，是极具艺术审美和收藏价值的链壶精品。

《听雨》

名称：《听雨》
材质：和田白玉籽料
规格：16×57×4cm
奖项：2011 中国玉（石）雕刻“子冈杯”银奖

作品以和田白玉籽料为创作的载体，创造性地运用深浮雕的表现技法和玉雕艺术语言，大胆采用现代雕塑艺术的人物造型设计，精工雕琢，人物丰满有神韵，其间雨雾缭绕，更增飘渺、庄严和神秘之感，使人产生神圣美妙的视觉美感和心灵的撼动。

JADE FAN CLUB

玉缘会所

YUEGONG TALK ABOUT JADE

岳工说玉（之四）

整理／伊添绣

作为一名玉石检测研究中心的专家，岳蕴辉与许多科研人员一样经常埋头实验室，承担多项科研课题。岳蕴辉告诉记者，他平时大部分时间在鉴定中心从事玉石检验工作，而帮助众多网友“在线鉴定”是他利用空余时间在线解答。提问者将手中的玉石照片上传，再由网名“鉴定师岳工”的他一一作答。自2004年11月进行在线咨询开始，岳工已累计解答了8000多条提问。“玉石鉴定达人”岳工以其犀利的鉴定眼光、幽默的评述语言，在微博、豆瓣上赢得了众多网友的热捧，今天我们继续去看看。

和田玉原料

玉友：这个墨玉是我朋友的，说3万元可以卖给我。请岳工帮忙鉴定下：一是这块玉料是不是墨玉，还是墨碧玉，或者其他什么玉料？二是三万价格合适吗？听朋友说这块玉料价值要二三十万。因为我买来是送人的，怕买了假玉没有面子，所以拜托岳工帮忙了。

岳工：3万元还是留给自己吧，如果花钱买这样的东西，其结果就与这块石头的颜色一样。

小编：这块石头比较黑，结果也比较暗淡了，岳工真是犀利，不留情。

玉友：这个镯子上有不少黑点，商场里人说黑点越多越好，岳师傅是不是有这种说法呀！

岳工：商场的人在逗你玩吧。

小编：在QQ聊天表情中，有一种无辜的小黑脸留着小鼻涕的表情，适合附在后面，可以友善地怀疑一下

玉店

市民

岳工的年龄，无疑给平淡的鉴定工作涂上了润滑剂。

■ 玉友：岳老师您好，前几天我买了一块玉，回来给朋友看，有的说是籽料，还不错；有的说就是滚筒料，别说和田籽料，是不是和田玉都不好说。我想请老师给个确定的说法。

■ 岳工：一块好玉石不会染成这个样子销售的，也没有必要打一个小洞“偷看”。

美玉，就像一位美女走秀，会穿得比较少的。

■ 小编：岳工形容得很贴切，许多有皮色的美玉，似乎是穿着薄纱的美女，蒙胧中亦可见细腻肌肤。

■ 玉友：请教一个问题，卡瓦石的矿物名称是什么？比重和硬度是多少？怎么分辨？这件是和田玉还是卡瓦石？

■ 岳工：“卡瓦”是维吾尔语“南瓜”的意思，卡

选玉市民

瓦石在好多年前是指一种蛇纹石的卵石（子料），颜色多样与和田玉的子料类似，经常有皮色，表面很光滑，很像和田南瓜的皮子。

卡瓦石也比较好染色。在20世纪80～90年代仿古风盛行的时候，南方有许多工厂用它来作仿古件，有不少人到新疆收购卡瓦石。

到后来真卡瓦石也很少了，玉贩子用石英岩和其它玉石冒充卡瓦石，以讹传讹，1993、1995年以后，卡瓦石基本失去了原来的意思，成为各种与和田玉相似玉石材料的代名词。

现在，卡瓦石几乎没有准确的含意了，如果说白卡瓦石，有可能是石英岩、大理岩、蛇纹石玉、白云岩……；黑卡瓦石有可能是黑色蛇纹石玉、黑色火山岩、燧石岩、黑色硅质岩……；黄卡瓦石可能是黄色石英岩、大理岩、白云岩、蛇纹石玉……

卡瓦石可以说是玉石界的一个笑话。

小编：岳工此段算是详细解释了一个词汇，当记下。

玉友：尊敬的岳工，您好！朋友的一件籽料玩意儿，信誓旦旦说真皮真色，我怀疑太艳，不真，请百忙之中慧眼释疑。

岳工：信誓旦旦的多数都谈不上是朋友，就像这块玉石的颜色一样不可靠。

小编：朋友有许多种，人们常说“君子之交淡如水”，真挚的友谊或许真是建立在质朴的交流中，想起白玉之美，美在温润纯净。

玉友：您好，最近有个交易网出现了很多这样的东西，卖家说是“红沁”，请您指教这是什么。

岳工：染色时染料的浓度大一些罢了，或许是造假者在测试皮色痴迷者智力的底限。

小编：此句解答可见语言和思维能力了，也可知这玉确实染得很糟糕。

玉友：岳工你好，我最近在网上购买了两个4克左右的和田玉小籽料，一白一黄，后在一些网站贴了些照片，网友们众说不一，总体上对那颗黄籽有怀疑，还请岳工仔细给看看。

岳工：大家的怀疑是有理由的，过去河流里没有见到过这种东西。

小编："过去河流…"没有阅历者如何识玉？这也是对爱玉者一个侧面提示：我们应该也如籽玉一样在岁月长河中多多摸爬滚打。

玉友：岳工，请教一个问题，对于一个形状已经被河水冲刷得非常圆滑的籽料，表面上有皮坑是其必要条件吗？

岳工：似乎每一块玉石表面都有不同，以哪一块为标准呢？

小编：大自然鬼斧神工，我们也常说"世上没有两片完全相同的叶子"，"叶子瞬息"而"玉石千万年"，我们完全可以说，你手中的都是独一无二的。

玉友：请帮我看一下这是什么玉种，总觉得它的玉皮怪了些，查找网上也没有相似的。

岳工：是染色专家们的一种新的探索吧。

小编：对此，我们已不慌不忙，从容不迫，造假手段再翻新，只要心中有底，真不必担心。

玉友：请问碧玉和青玉在一块料上是否可以共生？阅读过您的一些文章，说碧玉的形成条件与其他软玉品种不同，图中是一块俄罗斯碧玉，请问青色的地方可以不可以认定为是青玉。感谢在岳老师在百忙之中的解惑！

岳工：理论上的碧玉和青玉形成的环境条件不同，一般共生的情况少见。但是自然界的矿物的分布和形成，并不是依照精确的数学规律，在某些情况下会有特殊性，例如碧玉中不带有鲜绿色的部分单独鉴定，可能被划分为青玉。

小编：朋友们玩玉，在市场的喧嚣中是该时时保有一颗清静之心，甚至可以把看世界的眼睛交给童真，否则我们如何发掘这其中的美好呢？

玉友：请问这件物品是真籽真皮么？可有处理痕迹？可否值得收藏？

岳工：从您的几张图片看，这件雕件是染色处理的。由于受到众多玉迷的追捧，染色的技术也是日新月异，估计不久的将来玉石雕件的皮色可以预约安排了。

有时候同件东西在不同的检测机构竟然得到不同的答案（皮色真假）。皮色确实是一个棘手的问题，有一部分人工处理的皮色已经与天然颜色没有什么差别了，可能鉴定也没有办法区分。皮色不像玉质，玉质是不可以伪造的，皮色却很容易人工处理，而且人工处理皮色在很多获奖作品中也常见，不能说是假货。如果您为了皮色付出很多金钱，那只能说您有一个很奢侈的爱好。

小编：这个设想不无可能，这是对另一种技艺的赞美还是讽刺呢？"一个很奢侈的爱好"真是点睛，这是岳工的冷幽默。

玉友：这是我父亲淘来的，说是新疆和田白玉，重70千克，长直径约为58厘米，宽直径约为34厘米，没有具体量过。请帮忙鉴定一下真伪？有没有收藏价值的？

岳工：劝劝您父亲吧，先学习一些和田玉的知识吧，磨刀不误砍柴工。这样收藏，不但砍不到柴禾，自己也喂了豺狼了。

小编：语言犀利，应该会给玉友深刻印象的，相信岳工心中亦存凉意。

玉友：这6块小籽料，是我从一个组合里选出来的，想送给几个朋友，也请帮忙看看，并指教哪两块成色好点。

岳工：这个不好代劳，玉石满足的是人的感官，您看着最喜欢的就应该是比较好的。这种情况往往不懂玉石，懂得审美的人选择的比较好，他们没有受过误导。

小编：这话没错，我们很多朋友正是忽视了这颗初心。

玉友：请问此玉落款子冈是否仿制？

岳工：应该不是仿制的，是新创制的，因为子冈可能压根没有制作过这样的。

小编：图上显示的是一块椭圆形工艺较为粗糙的玉牌，可见这位朋友的确很不了解陆子冈，只有感慨"小白"真多！

玉友：媒体及网站都说2008年奥运奖牌用的是青海昆仑玉，并得知青海昆仑玉主要成分与和田玉一样都是透闪石、阳起石构成，那么青海昆仑玉应该属于和田玉的一种了；根据以往的叫法新疆昆仑玉是一种石英石，那么青海昆仑玉的叫法是不是不规范或着不确切？

岳工：奥运会使用的玉石原料可以称为青海软玉，或者直接叫白玉、青白玉、青玉。称为昆仑玉是不准确的，也是违反国家标准的。

在传统的教材和专著中"昆仑玉"都指出产在新疆的蛇纹石玉。昆仑山一大半在新疆境内。如果像有关人士说的"玉石出产在那里就应该以地名命名"，那么藏羚羊也可以顺势改称"青海羊"了。

小编：这应该同时解除了许多朋友对于传说中"昆仑玉"的困惑。

THE TRANSLATOR OF JADE : XU YOUWEI

玉之译者：许祐玮

文 / 伊添绣

许祐玮，新疆工艺美术师，1977年生于新疆和田市，自幼接触和田玉，深受玉文化的熏陶。1993年开始投身于玉石雕刻行业，1999年来到乌鲁木齐，师从中国玉石雕刻大师周雁明，在长期的钻研中逐渐形成了浑厚凝实又简洁明快的作品风格，他的作品深具中国玉器传统文化之底蕴。2008年，许祐玮担任明和玉器厂厂长，在玉雕专业创作设计实践中，积累了丰富的设计创作经验，掌握了复杂的设计制作技艺，培养了一些玉雕设计制作方面的专业人员，为玉雕行业注入了新生力量。

2009年作品《阳关西行》荣获第六届国石杯银奖。

2010年作品《福寿如意》荣获第七届国石杯银奖。同期，《貔貅》荣获精品展铜奖。

2011年作品《飞黄腾达》荣获中华龙铜奖。

信条：观史以明玉德，可明志养心。玉之德不得不知，人之德不得不养。以玉比德，以德养玉。名为养玉，实为养德。

许祐玮作品《抓住机遇》

如果你是爱玉之人，并尤为喜欢和田玉的传承与传说，常自流连顾盼于玉之温润和神秘，而美玉的内质总若隐若现于轻纱般的笼罩里，总让你看不明、悟不透……你或许可以去许祐玮玉雕创意室探访其主人，他会以有声无声的语言告诉你一些特别的答案。

主人微笑着为你沏上功夫茶，温暖的橘红色流淌在秋日之凉上，丝绸般柔滑，三三两两的朋友就在这柔软之上打开了玉匣子，林林总总的美玉会不时挤身上桌直接展开它们的美丽，在清晨微湿的空气里，远道而来的朋友总能收获到许多来自他心底的真挚与醇厚，你若向他询问，他会说，哦，许祐玮是玉的翻译者而已。

玉的翻译者，是的，他认为琢玉者所做的正是将美玉藏于大自然深处鲜为人知的密语——向人们作以转述和阐释。

他是怎样成为一个爱玉人与创造美的使者？是否每一个出生在和田的人，每一位兼收并蓄各派玉雕技艺的匠师都是沟通玉与人间两个世界的智者？想想，其实没有什么比来自和田玉本身更好的解答者了。

让我们在解读玉的同时

也让玉本身来解读这位翻译着玉和人世两种不同语言的玉者。

许祐玮取出几颗来自故乡的和田玉：光洁羊脂玉、洒金皮白玉籽……他并不说什么，只请大家细细把玩一番。

一颗大的羊脂玉籽料光洁、细腻，安安静静立在那里，就像是来自晴空里树冠最高处的白玉兰微微舒展了花瓣，向你微笑，握在手中便会瞬间走进你的心中，引你去一条清澈的河流边漫步，她的丝裙蹁跹，她的声音清越，她跟你说起家里的牛羊健壮，妈妈煮的奶茶飘香，说有你相伴的午后多么短暂。

一颗更大一些的洒金皮籽料也引起你的兴趣，他送你去万里无人区感受辽远的历史和地理，塔克拉玛干大沙漠、巍巍喀喇昆仑群山、古西域三十六国，你的思绪和玉料一起在风沙中打磨，一些凝固成细小的翳糖，一些四散成秋天的黄叶片，而越打磨越深沉、浑厚，他说，这正如充实的人生，需要更多沧桑的经历。

通过这些籽料你应该能感受到收藏者的喜好，玉是恬静的、坦然的，拥有丰富内心世界的，而他并不急于展示自我，更多的是等待另一颗善感之心来倾听、体悟。你能感受到玉是怎样的玉，你就应该能感受到的人是怎样的人。

如今众人迷恋皮色，因

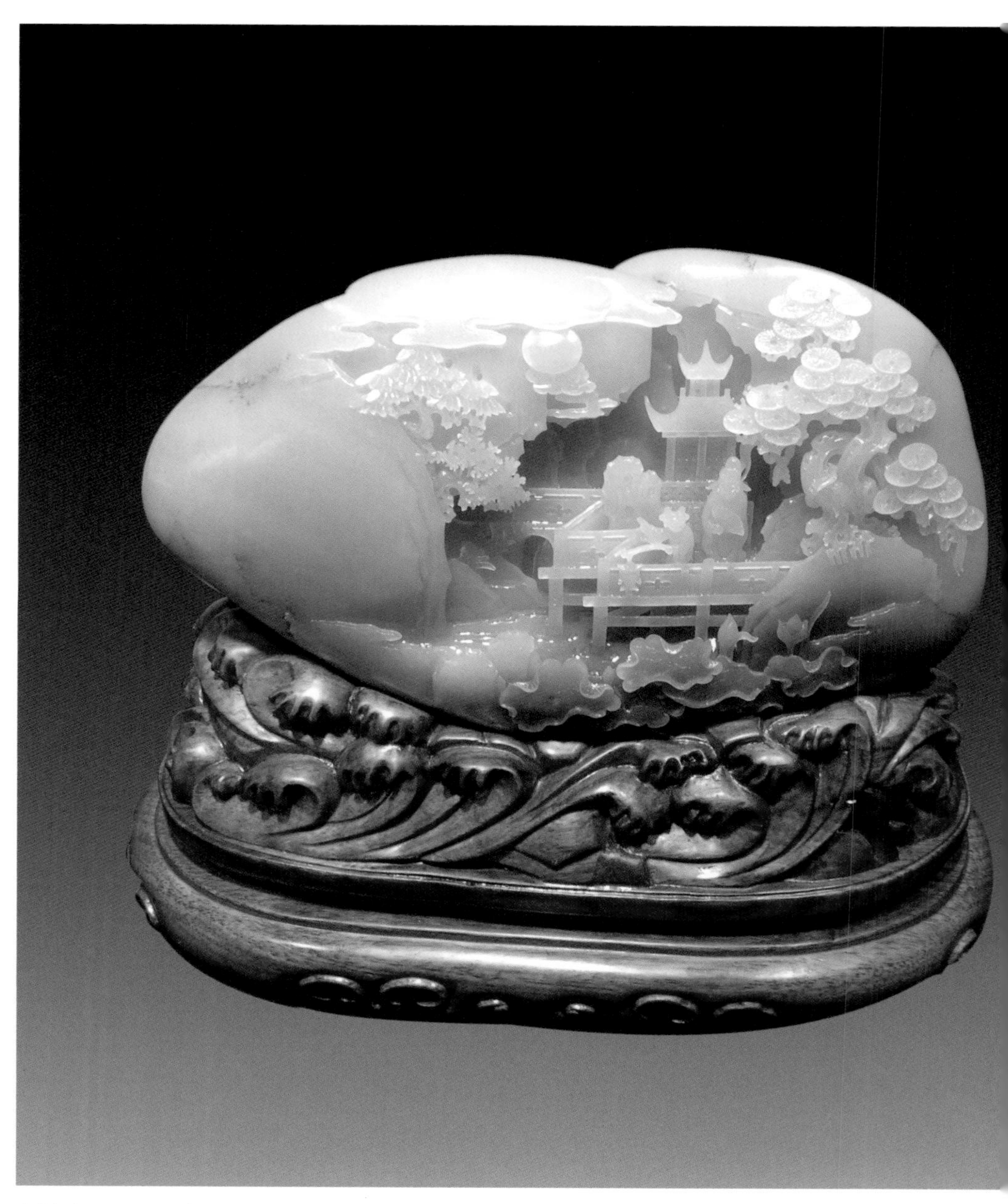

许祐玮作品《月夜赏荷》

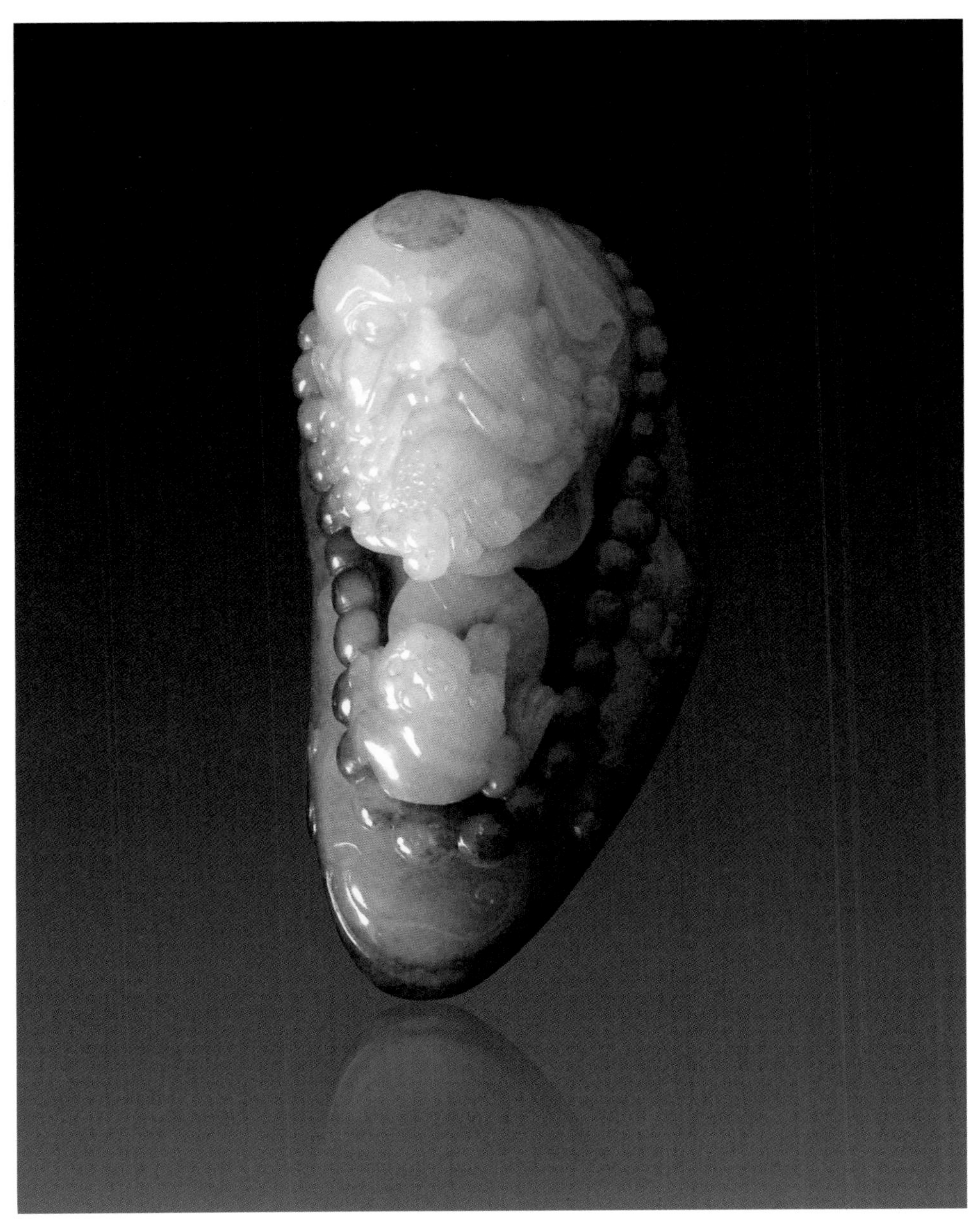
许祐玮作品《招财罗汉》

而假皮横行，为满足市场迎合潮流，一些玉雕师故意选择艳丽的皮色“俏色巧雕”，造假者亦推陈出新为之进行皮色“订购”。许祐玮否定这种治玉态度，重申古人重玉德，并举出“马爷”（新疆玉雕师们对马进贵大师的尊称）常常提起的话："因材施艺"，承认自己在这一点上的传统性根深蒂固，认为应该以玉料真实的情况，并发掘出玉想要说出而听众不能获知的话。

和田玉成为众玉中的佼佼者是通过温润的质地由内而外渐渐占据人心的，近二十年与和田玉朝夕相处的爱玉者正越来越多地领会这——过渡的语言。

在作品和田白玉翠青山子雕《月夜赏荷》中，许祐玮很好地利用了下部些许翠青的色泽，琢出晚风中婀娜多姿的荷叶，层层叠叠却疏密有秩生于池塘一角，和田玉的翠青较之青海翠青的娇嫩不同，色泽稍清冷，“此时正适合说出我幽静孤寂的心境”（注：许祐玮言）。上部大面积的白玉依料形琢出人物、松柏、楼阁、小桥、流水，情节充沛，左侧巨石嶙峋出粗犷之质，月亮稍稍隐于云雾中，似乎会随着时光而移动起来。

当这件山子雕立于你的视野，没有讲述故事的人，而你的耳畔却分明听到了蟋蟀的琴声和漫步者走过水边衣服的沙沙声。

许祐玮以他对这块玉

许祐玮作品《玉琮》

料各个角度认真的分析和理解，为你了讲述了一个月夜赏荷并令人思绪万千的故事，而这正是此玉的世界。

《招财罗汉》的白玉部分被琢为罗汉头部，面部饱满，提起的眉头、饱满的嘴唇、卷曲的胡须，吞金蟾仰首相视，栩栩如生，白玉的细腻润泽在许大师的造型中得以完美呈现，墨色部分深浅不一，琢为罗汉的大佛珠围成一圈，似乎是罗汉在轻微颤动过程中佛珠也跟着摆动，这光线下的美学！而和田玉青花正是以深入浅出，均匀晕染的国画效果令人产生无限遐想的，也许你并不了解佛的世界，但青花招财罗汉离你真的很近。

《抓住机遇》随形而雕，设计奇巧，特写一只瑞兽之爪，边缘一丝清晰的墨色卷作鳞片，龙威在一鳞半爪中顿现，在你这样思索中，这件青花的巧思不知不觉已经深入你心，而随着手指不断盘玩玉件，内心也不断更新对“龙生九子”中某一个瑞兽形象的认识。一只瑞兽之爪紧紧抓住福瑞，更会招来福气的玉之有缘人。

最近“国石杯”上的获奖作品《玉琮》将最古朴的玉礼、青花情节与时代发展相结合，为古老的青花道出了新的语言。世界天圆地方，为人外圆内方，需要磨砺的人生，需要玉通过外“形”内“声”传达给你。许祐玮举着一颗青花籽料查看了多日，时尔握于手心端详，时尔合眼静听，在这长久的对视聆听后，和田白玉中石墨的窃窃私语被呈现，又归还给玉，并在这“呈现与归还”中给读玉人揭示和启迪。

玉琮分为两部分，中间是方的勒子，外圈是圆的玉环，合二为一则成玉琮，分开穿系则可成时尚配饰。玉琮上布有精心雕琢的四面立体兽纹，一面瑞兽纹饰几乎完全“笼罩于墨色下”，使得这块青花与众不同，另一面瑞兽威严突出，此件玉琮小巧而庄重，赋予深厚内涵，不可多得，应视为“大器”。

玉的世界是否都如同“孤岛”，玉的语言究竟是怎样的？我们长久地凝视着美丽的玉石，在玉的皮衣上凿出一口深井，直达玉的冰心，当清澈的玉源自井中涌出，我们也因玉而获得了一个新境界。

生而有幸，在你我身边，还有很多如许祐玮这样的探索者岑寂守默于玉的世界，为玉之复活与重生，他们沉浸在夜以继日的探索与破译中。

许祐玮，玉之译者，他正以他的智慧和虔诚，用双手记录自己从玉的世界里所听到的一切，那从地层深处传藏的久远意蕴，不是象形文字的奥涩，不是机械时代的轰鸣，是寒夜的诵读，是溪涧的叮咚，是行走的环佩，是晚唱的悠云，是玉石用大师的手发出的隔世之音。

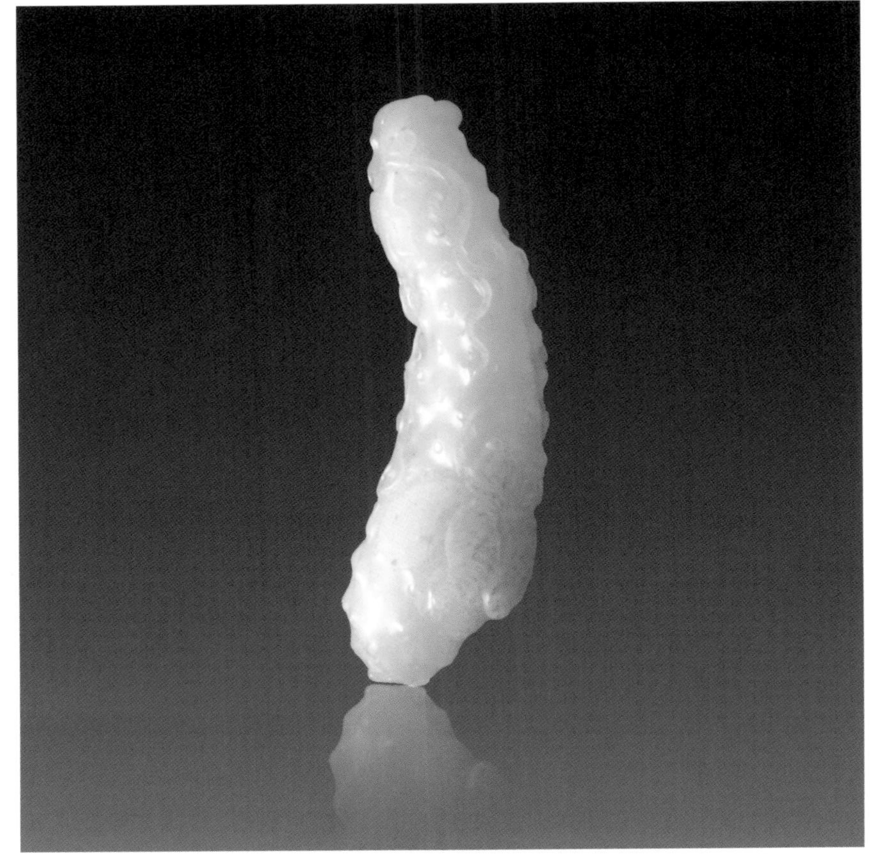

1

2

1 许祐玮作品《荷塘情趣》

2 许祐玮作品《飞黄腾达》

M IMPRESSION OF MA YUAN 马元经印象

文 / 秋岭

马元经，1983 年出生于奇台县，自幼热爱绘画与木雕，2003 年毕业于成都理工学院后，开始学习玻璃雕刻和绘画。2004 年起，师从中国玉石雕刻大师周雁明，主功设计制作杂件、动物件、吉祥件和仿古件。在实践中，逐渐形成了自己作品浑厚、简洁、明快的艺术风格。

认为“工”是一切艺术的骨架，是一件作品的根茎，“艺”是作品的花和叶，是作品的灵魂和气质，体现着生命的价值。经过多年积累，已将文化艺术融于玉雕技艺，并奠定了扎实的基础。

2009 年作品《知己最春秋》获第六届国石杯精品展示会银奖；

2010 年作品《一路连科》获第七届国石杯玉雕精品展示会银奖；

2010 年作品《玉之五德》获中国玉石雕刻 “天工奖”；

2011 年作品《荷塘秋意》获“中华龙奖”铜奖；

2013 年作品《连年有余》获第十届国石杯精品展示会优秀作品奖。

座右铭：修身如玉。

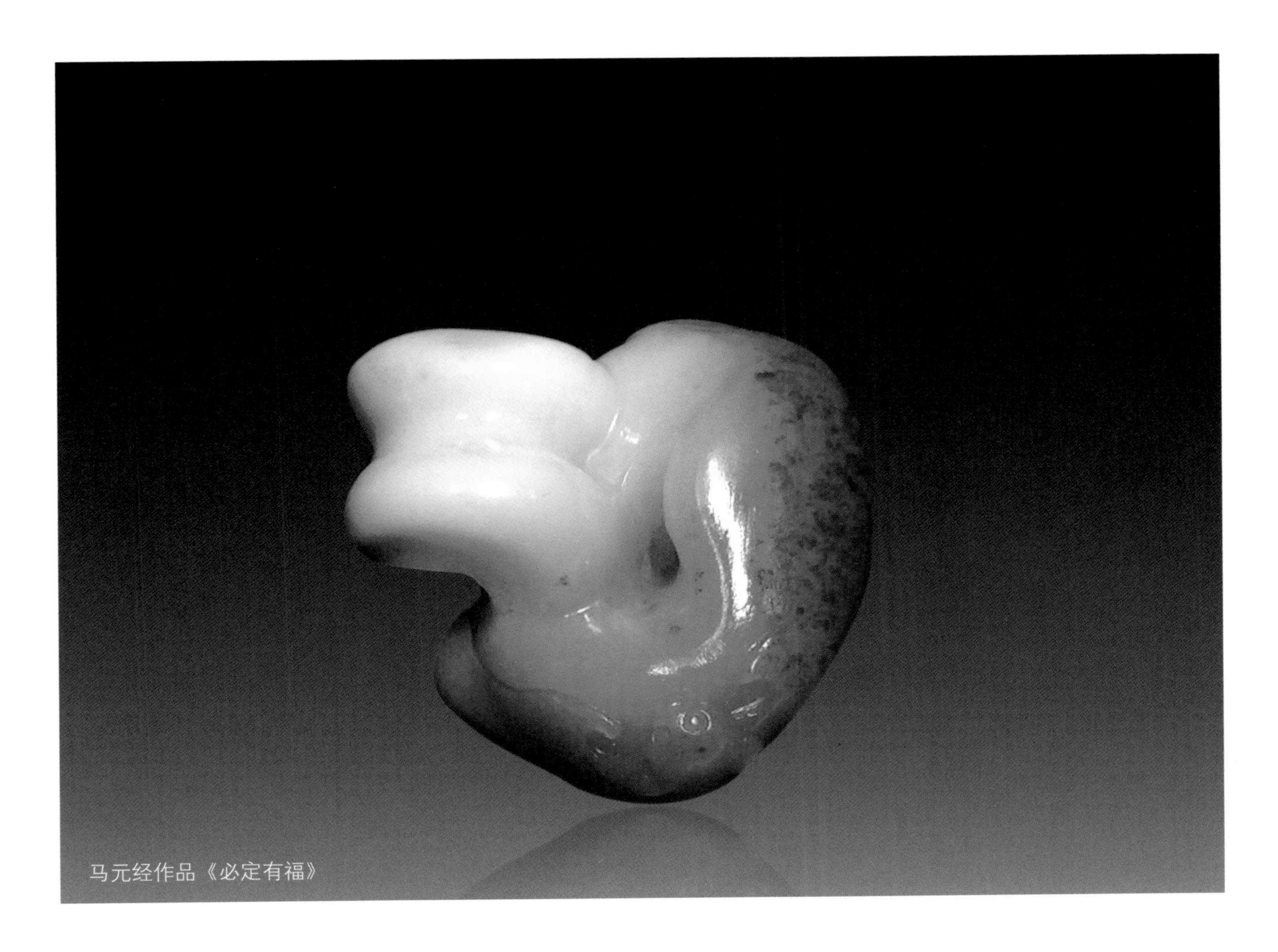
马元经作品《必定有福》

采访马元经那天，正好遇上一位女士求购他的一件作品，得到的回应是已经卖出，再无第二件，女士怅然归去。马元经并不说什么或者补充什么，仍保持以往的淡然神情端坐着，聚精会神继续他手中的创作，因为每一件都是他以双手精心雕琢，注入了丰富情感与思想的作品，急于出售是商贩做的而不是真正爱玉之人做的事情。

他的从容来源于这多么年来对玉的世界的感悟，遇见一颗珍奇的和田玉，遇见一个难得的好兄弟，握着大自然赐予的珍宝，他总是想了又想，认真审视研究玉料的特点，构思许多日子，他希望自己赋予玉石以新生命。他认为大自然“天工造物”，现在所做的“工”只是在弥补，常说“巧夺天工”，那只是一个美好的比喻罢了，意思是我们只是在尽力像“天工”靠拢，只是在不断趋于完美的过程中。

马元经清晰地认识到这一点，时刻报以谦卑之心，把自己对大自然的崇敬以真挚的情愫诉诸于艺术创作中，其中“可贵之处”值得每一位年轻的玉雕师学习。

新疆奇台县地处天山东段博格达峰北麓，准噶尔盆地东南缘，广袤的田野，崇山峻岭，苍茫无际的林海草原，清幽隽秀的翠谷溪流，自然风光美丽极了。马元经就是生长于这美丽的奇台，对牧区生活，他非常眷恋，即便是如今不在故乡，那里的一草一木任何时候回忆起来都让他感到祥和而美好。

对童年生活的记忆一直深深存储心间，使得在做过许多传统题材的作品之后，总觉得有什么未能表达出，未能尽兴，直到遇见一颗特别的和田玉。

和田玉通常以光洁、细腻、纯净、温润的白玉为美，那些僵白的部分总被视为玉质糟糕，多余的部分而切除。可是这枚籽料上这一部分鸡骨白却如一道光照射进了马元经多愁善感的内心。

童年时玩耍的羊骨，新疆叫做“阿斯克”，东北地区叫做“嘎拉哈”，也有叫做“必式”（音译）的。作品《必定有福》很好地保留了籽料的原形，可以说“化废为宝”，骨头的质感甚至成为作品中最动人的部分，洒金皮上的小蝙蝠却成为它的衬托。

对于这小小的骨头，马元经很有研究，是的，当人们对一件事物感兴趣，就算是它在他人眼里是多么微不

马元经作品《百财》

足道，也总会聚焦喜爱它的人的全部热情。马元经甚至可以区分羊和狼的这部分骨头最细微的差别，这个不多说，我们看看《骨气》这件作品，玉雕师将他钟爱的“仿生”情结扎扎实实地运用到了创作中。

仍旧是洒金皮色，自然过渡到短骨两端凹陷处，最美的细节在于打碎的一端，骨头坚硬的质感，显露出些许饱满的骨髓，骨结边缘细碎的沙坑，作品近景特写，把握住了人身体与精神的核心，把玩者会在反复的观赏中忽然觉悟，道出：这就是骨气。没有过多的修饰，只客观呈现，却是最有说服力的，这件作品传递给我们一种力量，人生坚定的信念和意志，骨头虽然破损了或者因为怎样的勇气“宁为玉碎”不得而知，但以和田玉来表现的这种破损却使骨头和玉质巧妙融合，骨与玉皆焕发出新的生命力，笔者非常喜欢。

如何能做到这一点？马元经认为需要的是将胸臆间升腾出的感受运用到玉雕创作的全过程，这多像打太极拳、书法运笔、气沉丹田朗诵诗歌……而一气呵成需要的是多少岁月的修炼和悟性呢？

奇台人在琢玉，也是马元经的网名，到哪里他也忘不了自己的根在美丽的牧场，而琢玉亦可理解为琢磨美玉以及捉摸精彩人生之路，总而言之，琢磨出最近自然之物，便是热爱故乡的土地与当下生活者所追求的理想吧。

从事琢玉的匠人都知道，作品从审料、构思、雕琢，到最后修饰这个过程的漫长，这也如同人生之路的抉择与跋涉，当我们把某件事物视为生命中极为重要的部分时，我们自然会为之付出最多的精力和心血，那么，这重中之重又是什么？

作为一个很用心的玉雕师，马元经没有一味沉浸于呆板的制作过程，他一边琢玉，一边在寻玉，如果你不明白笔者此话的含义，那么，我们去看看他的作品吧，在他创作的同时，有神秘的物质作用其中，留在了玉器的脉络中。

作品《代代封侯》选用一颗珍贵的白皙温润的羊脂玉，料形很适合把玩，这个“适合”更多地隐藏于玉雕师娴熟的技艺中，因而线条非常细腻、流畅，光洁的质感和柔滑的线条会使每一位观众忍不住触摸，而触摸后更有私藏的奢望了。

1	2
3	4

1 马元经作品《佛》
2 马元经作品《骨气》
3 马元经作品《寻》
3 马元经作品《玉兰花》

白菜这个题材是众多玉雕师献给传统的中国百姓的一份屡试不爽的礼物，如同给红包，一色的红包，包给老人也可，孩童也可，新婚眷侣也可……都会受到欢迎。

马元经的《百财》更加精美，这颗籽料上些许洒金浅雕为蝴蝶，翠青部分卷曲为成熟的叶片边缘，主体和田白玉的浑厚质感在凸起的菜梗，饱满紧凑的菜叶上得到尽情展现，最妙处为上部菜叶细致均匀的小坑，如同贵妇人脖颈处的一圈圈珍珠，又似雨过天晴后天空留给万物的晶莹水珠。

同样精致的还有《玉兰花》，这里是将“仿生”之上锦上添花，其中妙笔有待有缘人近距离欣赏方知其妙。

寻找一块美玉，寻找到最适合表现玉质与姿态的线条方式，同时也是在寻找新经验新思路，而寻找的结果自然不负懂玉者和探索者的智慧与勇气了。

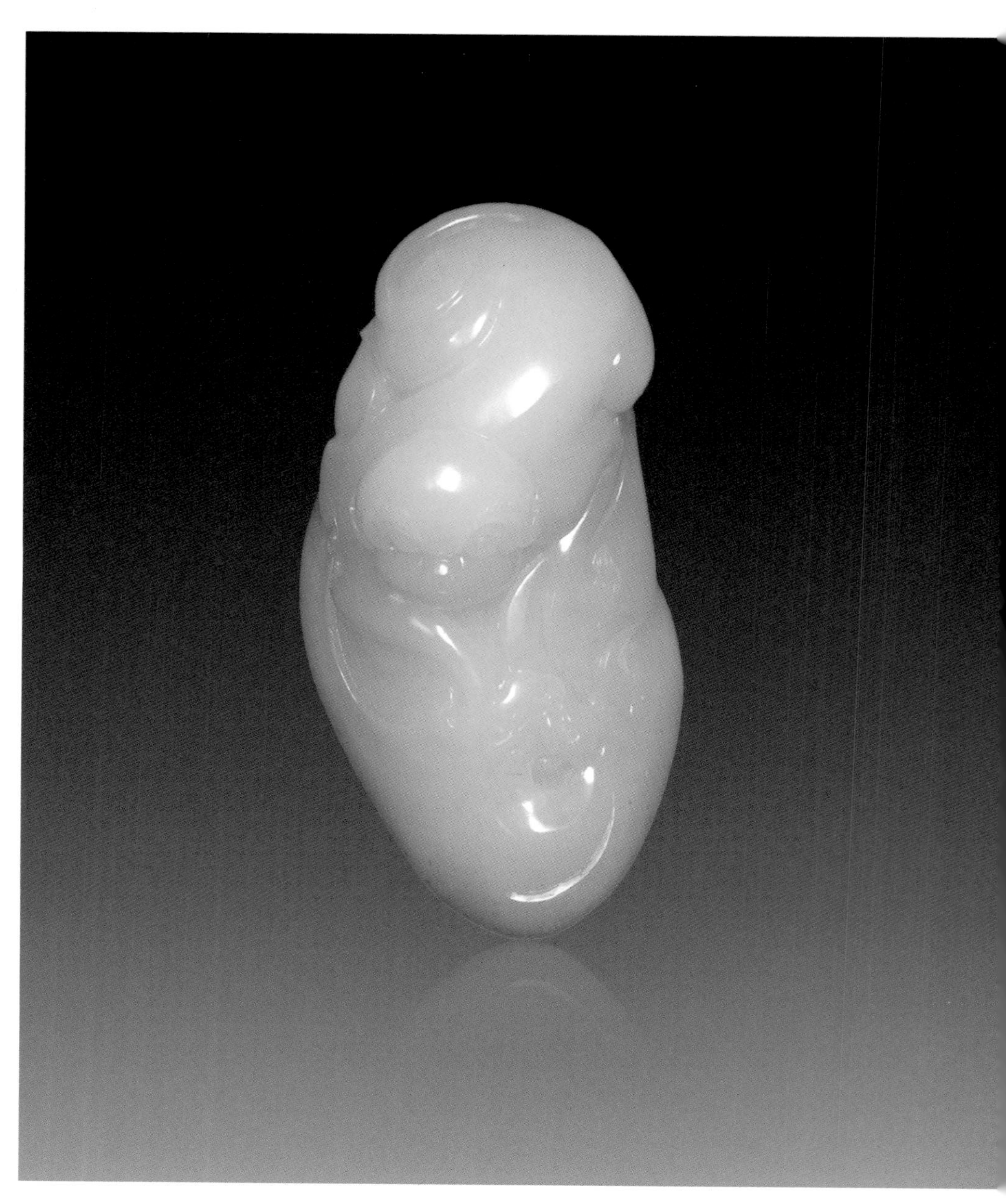

马元经作品《代代封侯》

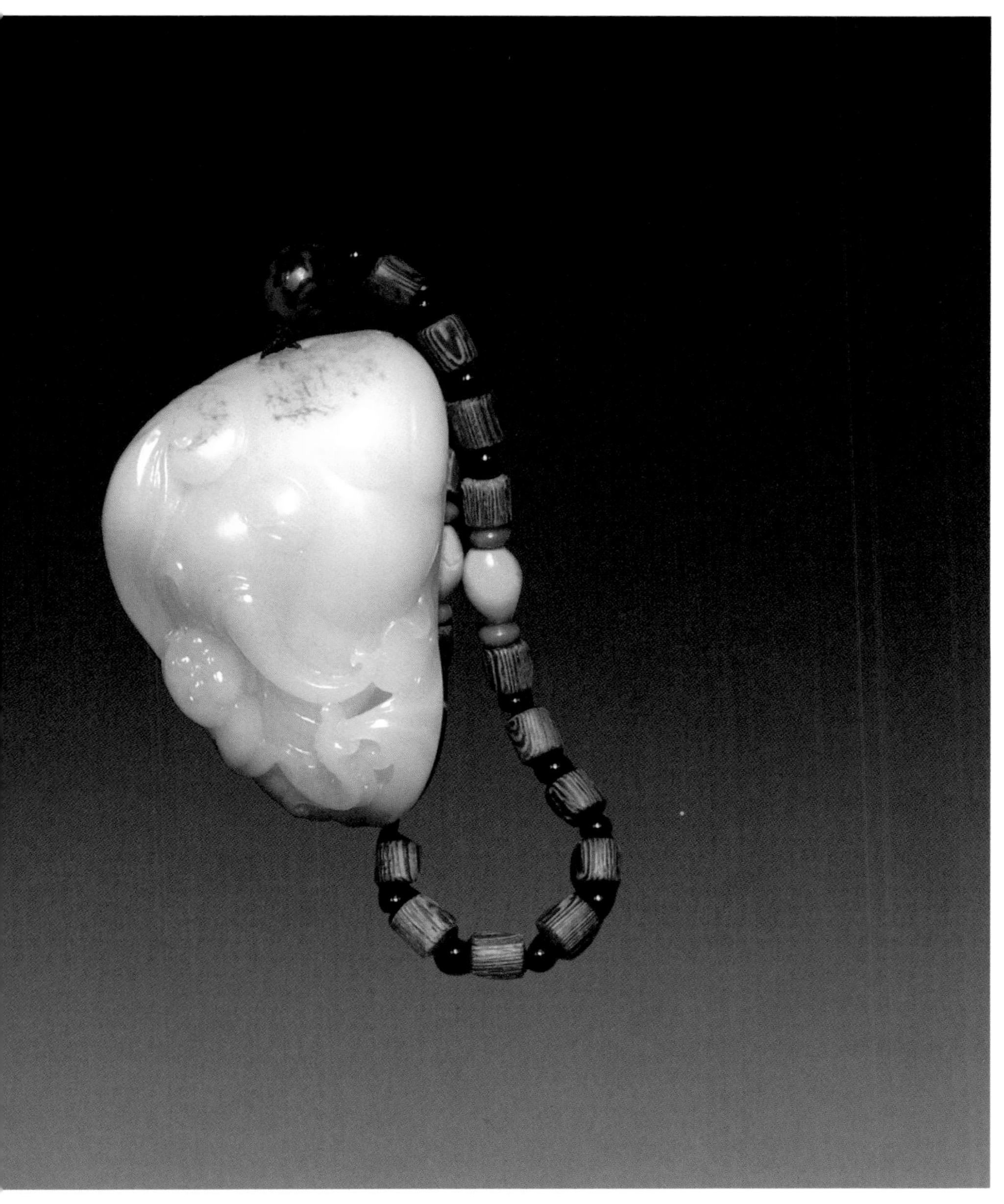

马元经作品《封侯拜相》

作品《寻》，一件玉山子只取这一个字的名称，其肃杀效果不亚于和田玉青花带给我们水墨素写的诗意：清风拂髯，亦拂过松下悟道者的思绪，另一端的茅舍前、山中升起层层云雾，而这是自然景致中的云雾呢？还是寻觅世间未知之物，思想者心中的迷雾？

马元经这件《寻》可谓另一番境界，似乎在说：爱玉有如玉一般的起因，而寻寻觅觅，有些有果，有些未果，又无论结果，“寻”才是关键。

有这青花泼墨之《寻》写意作答，我们似乎也该起身归去了吧！愿马元经在玉雕之路上收获更多智慧，并将其完整地施艺于精光内蕴的和田玉，同时生活也回报给他更多的美好！

INDUSTRY INFORMATION

行业资讯

开幕式暨大师媒体见面会

2013 THE BAIHUA AWARD CONTEST WAS HELD IN BEIJING

2013 中国玉石百花奖评选活动在京举办

文 / 于伟

2013 中国玉 (石) 器“百花奖”评选活动于 2013 年 9 月 6 日在北京天坛工美大厦开幕。

中国玉 (石) 器“百花奖”是中国玉雕界唯一的国家级奖项。本届“百花奖”主要特点：一是参评作品多，水平高。本届全国各地送评作品超过 1000 件，为历年之最。二是作品来自地域广，玉种多。由于今年有近十种新玉种亮相“百花奖”。三是组织把关严，优中评优，保证了作品艺术水平和代表性。四是互补融合，繁荣玉雕艺术创作。本届参评作品一大优势和特色，就是师徒互补，南北互补，传统与时尚融合，东西方艺术融合的玉雕作品，这是当代玉雕艺术的发展与升华，对我国玉器行业的具有一定的导向作用和引领功能。

2013 年中国玉 (石) 器“百花奖”活动安排丰富多彩。既有中国玉 (石) 器百花奖新闻发布会暨玉雕大师与新闻媒体见面会，又有参评作品展出；既有“千里驰骋，舞动汉风”“玉文化之旅”自驾游首战徐州活动专题汇报，又有由北京工美精心组织精品玉雕作品拍卖活动；既有《2012—2013 中国和田玉市场研究报告》首发式和隆重的颁奖典礼，又有别开生面的 72 名中国青年玉雕艺术家著书立说策划演示互动和“百花奖玉文化论坛“的研讨活动。

本届“百花奖”特别重视媒体在玉文化普及方面的推广作用，旨在通过媒体与大师的交流与沟通，通过媒体的报道，宣传与普及玉器知识，弘扬玉文化。本届“百花奖”必将对繁荣玉雕艺术创作，推动玉器行业发展产生重要影响。

1	3
2	4

1 中国工艺美术学会领导赵之硕和柳朝国大师、曹静楼研究员在评审现场

2 玉文化专业委员会会长王振与工美集团领导点评获奖作品

3 2013 年中国玉（石）器百花奖论坛现场

4 专家评审组在认真评审作品

MARKET CONDITION

市场行情

新疆和田玉籽料市场交易价格信息

（2013年7月）

本信息由新疆和田玉市场信息联盟发布

依据《新疆和田玉（白玉）籽料分等定级标准》的制定内容，将新疆和田玉（白玉）籽料分为三大类：收藏级原料、优质加工料、普通加工料。每大类又根据结构、光泽度、滋润度、白度、皮色、形状等特征分为3A、2A、1A三个等级标示。依据每个等级及原料重量，以及当季和田玉交易市场信息，现特向社会公布2013年7月新疆和田玉（白玉）籽料的标准单位价值行情参考范围，具体如下：

新疆和田玉（白玉）籽料2013年7月标准单位价值行情参考范围

类别：收藏级

单位：元/克

籽料重量 等级及标识	原重量 200g以下	原重量 200~500g	原重量 500~1000g	原重量 1000~2000g	与上期对比	
					价格	交易量
顶级收藏料 等级标识：收藏3A	2~3万	1.5～2万	9000～1.5万	7000~9000	±5% 出现振幅	交易量 持平
特级收藏料 等级标识：收藏2A	1~1.6万	8000～1. 3万	7000～9000	5000~7000	±5% 出现振幅	交易量 持平
优质收藏料 等级标识：收藏1A	4500～9000	3500～5000	2700～4000	2200~3500	-10% 价格下跌	交易量 持平

类别：优质加工料

单位：元/克

籽料重量 等级及标识	原重量 200g以下	原重量 200~500g	原重量 500~1000g	原重量 1000~2000g	与上期对比	
					价格	交易量
顶级加工料 等级标识：优质3A	5000～7000	4000～5000	3000～4000	/	±5% 出现振幅	交易量 持平
特级加工料 等级标识：优质2A	4000～5000	3000～4000	2000～3000	1800～2500	±5% 出现振幅	交易量 持平
优质加工料 等级标识：优质1A	1800～2800	1300～2200	1100～1400	900～1200	-10% 价格下跌	交易量 持平

类别：普通加工料

单位：元/克

籽料重量 等级及标识	原重量 200g以下	原重量 200~500g	原重量 500~1000g	原重量 1000~2000g	与上期对比	
					价格	交易量
普通一级加工料 等级标识：普通3A	600～900	500～700	400～600	350～450	-20% 价格下跌	交易量 减少
普通二级加工料 等级标识：普通2A	200～500	160～400	140～250	110～180	-20% 价格下跌 区间增大	交易量 减少
等外级加工料 等级标识：普通1A	/	/	/	/		

注：1. 此次媒体仅对外公布2kg以下新疆和田玉（白玉）籽料单位价值标准，2kg以上新疆和田玉（白玉）籽料单位价值标准另行公布。

2. 以上所标重量标准均为相应等级的新疆和田玉（白玉）籽料的原重量，在计算和田玉具体价值是应扣除杂质及裂部分，按净料率计算。

特别声明：此信息仅供新疆和田玉市场信息联盟交易中心授权指定媒体发布。

（新疆和田玉市场信息联盟成员：新疆和田玉市场信息联盟交易中心、新疆维吾尔自治区产品质量监督检验研究院、新疆岩矿宝玉石产品质量监督检验站、新疆珠宝玉石首饰行业协会）

稿约

本书是国内惟一的和田玉专业读物，由业界著名的专家学者领衔指导，和田玉出产地资深专家主办。

本书旨在研究与弘扬和田玉历史文化，探讨市场发展趋势，普及专业知识，沟通行业信息，与读者共同鉴赏古今珍品，力求兼顾“阳春白雪”与“下里巴人”，综合专业人士与社会大众的需要。

欢迎业内专业人士和各界玉友赐稿

主要栏目简介：

今日视界：和田玉市场与人物的深度报道

观点：业界专家的专业观点与见解，只言片语皆可

专家新论：业界专家关于和田玉的理论文章

从玉石之路到丝绸之路：与和田玉相关的历史沿革的文章

名家名品：大师作品赏析

看图识玉：看图片鉴识玉材或玉器

人物：和田玉文化界与艺术界有影响的人物专题文章

古玉探幽：珍品古玉的鉴赏分析

琳琅心语：有关和田玉的美文与游历记述

故道萍踪：玉石之路、丝绸之路沿线与和田玉有关的故事

赏玉观璞：珍奇籽料赏析

玉典春秋：历史上有关和田玉的典故、传说

创意时代：和田玉创作文章与创意新作赏析

业内话题：与和田玉行业相关的热点话题

和田玉美人：美女美玉的摄影作品

羊脂会：极品羊脂玉赏析

美玉源：和田玉产地、玉矿探寻与玉种介绍

他山之美：和田玉之外的其他优良玉种介绍

南北茶座：业界观点交流

品玉悟道：作品剖析与文化论述

黑店与贼船：市场黑幕揭秘

大师动态：业界大师创作与行踪

玉缘会所：玉友心得交流，资讯交流，藏品交流

会员俱乐部：为会员提供交流平台

稿件要求：

1. 图文稿件最好为电子版，也可邮寄；

2. 图片稿件要求：效果清晰，文件大小在 1M 以上，介绍、赏析性文字生动、凝练；

3. 稿件请附联系方式，姓名、笔名 *、单位 *、移动电话、固定电话 *、地址、邮编、电子邮箱、QQ*（“*”为自选项）。

《中国和阗玉》编辑部

龙腾神州《中华魂》

文 / 俞瑄

大型碧玉长卷《中华魂》宽3.6米、高1.8米、厚0.5米，是中国工艺美术大师、中国玉雕艺术大师田健桥先生，以优质和田玉碧玉为载体，以中华民族的精神图腾——“龙”为题材，历时两年倾心创作的恢宏之作。

“龙”寄托着中国人的智慧和理想，代表神圣、尊贵和至高无上，上下数千年，已成为一种文化的凝聚和积淀，一直是中国独特的一种文化、民族精神和气节的象征。对每一个炎黄子孙来说，龙的形象是一种符号、一种意绪、一种血肉相连的情感。“龙的子孙”、“龙的传人”这些称谓，是中华民族把龙文化融入了精神与血脉的具体体现。《中华魂》作者选取这一重大题材创作大型玉雕作品，足见大师创意之精到。

田健桥大师绘画功底深厚，擅长中国画山水、人物、花鸟、瑞兽创作，其玉雕作品更是灵动传神。大型玉雕作品《中华魂》是田健桥大师以中国画写意手法创意，利用玉石天然色泽之美，依材施艺，巧色设计。作品构图首尾呼应，前后相贯，一气呵成，制作工艺精良、刻画细致，条条神龙，各具神韵。画面海天相连，神龙在流云中穿行，在海波中翻腾，时隐时现，形态各异，风姿雄健，活灵活现，宛然如生。整幅作品气势磅礴，深沉古雅，群龙聚首，祥云缭绕，寓意着当代中国太平盛世和中华民族伟大复兴的辉煌前景。

碧玉长卷《中华魂》是当代大型玉雕精品，2009年荣获中国工艺美术协会“百花玉缘杯”金奖。